意大利餐

[日] 落合务　著　　刘晓冉　译

中国民族摄影艺术出版社

Cucina Italiana LA BETTOLA da Ochiai

意大利料理的魅力

意大利地形狭长，形如长靴。东、西、南三面被海包围，亚平宁山脉贯穿意大利半岛。因此，意大利的食材十分丰富，运用当地食材制作的地方料理也代代相传。

并且，意大利料理是法国料理的起源，具有很长的历史。正是因为有了意大利料理，才有了今天的法国料理。

虽然意大利不是大国，但意大利料理却是整个欧洲料理的起点，这便是意大利料理最大的魅力。毫不夸张地说，意大利料理真的比很多料理都美味！真是美味到极致了！

为了让更多的人知道这样精彩的意大利料理的魅力，我们就必须认真学习意大利基础料理。虽然我认为对传统加以改良的当下流行的料理也很好，但首先要做的仍然是掌握最基础的料理与技法。有了基础，再加入自己的风格才是最好的。没有基础，便没有办法开始制作意大利料理。

随着制作技巧的不断提升，对菜谱的配比等产生困惑的情况也会随之出现。困惑的时候，如果能回到"基础"这个原点，便可以找到动力，重新开始。

美味料理从"基础"开始

为了制作出美味的料理，除了材料的选择和调味以外，口感的把控、火候的调节、香味的搭建等料理人的经验与技巧也都是必备条件。这些要素协调搭配，便能制作出出众的美味料理。

菜谱与制作顺序固然重要，但更重要的是：料理美味的关键是什么？为了最大限度地体现料理的美味，必须要做的是什么？如何烹调最好？当然，这就是"基础"。

本书介绍了意大利的基础料理以及99道改良料理。既有意大利本土的传统料理，也有在日本很受欢迎的改良料理。对意大利料理感兴趣的朋友，也许还制作过其中的一两道呢。

但是，仅仅停留在"我会做呀"这个水平是不行的，必须每次都能做得很美味才可以。为了能自信地说出"每次都能做得特别好吃"这句话，请大家一定要把烹饪技术练得炉火纯青哦。

写给以意大利料理厨师长为目标的你

在开始烹饪以前，还有一件非常重要的事情。既然是每天站在操作台前的料理人，拥有健康强壮的身体是必须的。为了保持一种任何工作都不在话下的自信，请一定要好好锻炼身体。

当然，不只是身体，还要锻炼心智，培育一颗百折不挠的心。这并不是难事，只要对事物抱有积极的态度就可以。即使碰到糟糕的状况，也能用积极的心看待事物，那么心情就会变轻松。

举一个例子，比如你有1000日元。你是想"我还有1000日元呢"，还是想"我只有1000日元了"？同样的1000日元，价值却有很大的不同。

一个事物可以从正反两个方面来看。如果只看反面，前进就变得非常困难。为了不浪费漫长的学习时代，请不要只忧愁糟糕的状况，也试着用积极的心态面对一切吧。

如果有强壮健康的身心和制作美味料理的技术，便一定会拥有制作料理的热情与创造力；如果我们能制作美味的料理，客人就会很幸福；如果能让客人幸福，我们也会变幸福。带着幸福的心情站在操作台前，就会做出最美味的料理吧。

2015年5月

LA BETTOLA da Ochiai

落合务

目录

第五章　甜品

使用本书前

关于材料

①砂糖使用细白砂糖。

②黄油使用无盐黄油。

③偶尔对奶酪没有要求时可以使用磨碎的帕尔玛干酪。

④1杯为200mL，1大勺为15mL，1小勺为5mL。

设计　　　　茂木隆行

摄影　　　　海老原俊之

编辑　　　　佐藤顺子

数据修正　　高村美千子

第一章

意大利料理的技巧

为了将基础料理做到极致，有几个技巧想让大家事先掌握。如果能熟练掌握这些技巧，就能做出与以往菜谱完全不同的特别好吃的意大利料理。材料的用量和烹调的顺序固然重要。但只要火候和制作方法稍稍改变一点，料理就会变得格外美味。

1

加热的技巧

1

火力的随时调节

众所周知，"料理高手就是火力高手"。在烹
调中，时刻观察着锅中的状态，单手调节火
力是身为一个专业厨师理应具备的能力。
全面感知加热时料理的声音、状态、香味是
非常重要的。
我想，如果按照菜谱却没有做出想要的料理，
那么原因一定是对火力的调节不够擅长。

站在炉灶前自然地调节火力，这是专业厨师最常
做的事情。加入大量的水就要马上改大火，制作
意面就要用咕嘟咕嘟沸腾的小火。随时调节火力
是很重要的事情。

蒜是意大利料理的基础食材。虽然常被使用在各种各样的料理中，但想要发挥出蒜的特点却是需要技巧的。

加热蒜时，需将蒜放入完全没过蒜的大量橄榄油中，用小火慢慢加热。蒜中水分飞散的同时，香味也被转移到橄榄油中。最后，水分完全被炸出，蒜也被炸透了。
听声音分辨蒜中水分的变化。

技巧2

蒜的加热

将压碎的蒜和橄榄油一起放入煎锅，倾斜煎锅，使橄榄油完全没过蒜。

用小火加热。开始会发出"噼里啪啦"的声音，逐渐变小，这说明蒜中的水分被炸出来了。气泡的大小和数量也都在变化。

不再出现气泡，声音也平息了，颜色变为焦黄色。这个状态就是炸透。

将切碎的香味蔬菜（洋葱、胡萝卜、芹菜）像用油煮一样"咕嘟咕嘟"地慢慢加热（和蒜的加热原理相同）。水分被炸出后，鲜味与甜味被牢牢地浓缩，成为料理的鲜美元素。

将切碎的香味蔬菜像用油煮一样慢慢地加热。

也可以用橄榄油慢慢翻炒切成小块的香味蔬菜，只是需要很长时间，此时和其他的操作同时进行，不会浪费时间。

技巧3

蔬菜酱的加热

技巧 4

意面的炒制

在意面料理的制作上，火候是关键。同时完成沙司的调制和意面的煮制，快速翻炒后马上就能上菜。

制作的分量最多为两人份。如果再多，最后的炒制与装盘都会浪费时间，而且烹调的味道也会改变。

混合沙司和意面时，要用锅的余温或者小火加热。如果用大一点的火力，意面就会变成"烤意面"。如果出现"吱啦吱啦"的声音，就是温度过高了。

沙司炒制完成。

加入煮好的意面。

用最小火加热（关掉火只用余温也足够了）。如果听见"吱啦吱啦"的声音是不对的。

马上装盘上菜。

技巧 5

乳制品和鸡蛋沙司的加热

生奶油等乳制品一经加热很容易变焦，所以必须要用小火。而且，煎锅周围容易烧焦，要不时用橡胶铲刮掉粘在锅壁上的奶油，再重新混合。

因为鸡蛋有温度高一点便会凝固的性质，所以像白汁意面一类需要加入蛋液的意面沙司，一定要在关火后再与意面混合。

加入生奶油后，用小火加热，不要使奶油沸腾。煎锅的周围特别容易烧焦，所以要在加热的同时，用橡胶铲刮掉锅壁上的奶油。

将蛋液加入煎锅时一定要关火，因为鸡蛋遇热会立即凝固。如果关火后锅依然过热，可以在锅底垫一块湿布。

煎蛋饼时，将大量的油加热到较高温度是美味的关键。如果油量过少，蛋饼容易粘在锅上。而且鸡蛋混入油后，煎出的口感会很蓬松。所以，将蛋液倒入锅中后要马上搅动，混合油与蛋液，使蛋饼成为半熟状态。

让煎蛋鲜香四溢、蓬松饱满的最好火力就是大火。

技巧 6

煎蛋饼用大火

油要多用一些。

将洋葱炸至马上就要焦黄前倒入蛋液。

马上将蛋液与油搅拌混合，蓬松的煎蛋饼就做好了。

将肉或鱼放在煎锅里烤时，如果厚度均匀，便能快速烤熟，而且十分美味。这里我要推荐适度压上重物的方法。煎烤带皮的鱼等食材时，因为皮的收缩，肉容易翘起来，不但不好看，受热也不均匀，压上重物便能有效地解决这一问题。而且压上重物后，鱼或肉的表皮就能烤得均匀酥脆。

用橡胶铲等压住肉或鱼烤制时，便可以腾出手进行其他操作，可谓一举两得。
也可以将煎锅重叠起来压住食材。

技巧 7

用煎锅的重量
均匀加热

在肉或鱼上面覆盖烤盘等，使之平衡稳定，再用重叠的煎锅做重物压在上面即可。

高效加热的
炖煮用锅大小

为了做好炖煮菜，选用适当大小的锅十分重要。必须选择能将肉刚好铺满的锅，肉在锅中不能重叠。

如果锅过小，肉就会重叠，导致受热不均匀，还可能将肉煮散；如果锅过大，就必须要加入很多汤汁，味道也会变淡。用适当大小的锅炖煮，汤汁的美味才会很浓郁。

使用与肉的大小、分量相称的锅。若非必要，煮制时不要翻动。

鱼很容易煮散，所以要选择可以平铺的大锅。

制作用烤箱烧烤的料理时，即使事先将烤箱加热，把冰凉的食器温热也相当耗费时间。为了缩短这一时间，可以在把食器放入烤箱前，先在火上进行加热。使用这个方法可以提高从制作到上菜的速度。

当然，食器需要选择能承受灶火的耐热性以及有保温性的材质。锅壁处的食材一旦"咕嘟咕嘟"沸腾时，便可以移入烤箱中烤制了。

放入烤箱前加热

食器四周变热，食材开始"咕嘟咕嘟"沸腾的时候，马上将食器移入预热好的烤箱。

2

乳化的技巧

通过非加热的方法乳化

从调味后的番茄中析出了很多汁液。在里面加入橄榄油。

大幅度晃动盆，用力混合，做成乳化状态。

将从食材中析出的鲜美汁液与极具风味的橄榄油充分混合，便制成了美味的沙司。

如果两者不能充分混合，各自的水分和油分就会分离显现出来，食材的鲜香也就感受不到了。

因为是本质上就很难融合的水和油，所以不充分混合的话，就不会出现柔滑的乳化状态。

乳化的沙司呈现糊状。因为马上会分离，所以要在制作后立即使用。

通过加热乳化

制作以煮浓的红葡萄酒或从食材中析出的汁水为底味的沙司时，最难的就是水分的熬出。如果水分过多，沙司就不浓郁；相反，如果水耗干了，沙司又不柔滑。

在煮浓时加入黄油或橄榄油等油脂混合，煮至黏稠的同时，还要适当地熬出水分。这时，煮浓稠便是乳化的关键。

将红葡萄酒或食材中析出的汁水在火上加热，要一边大幅度地晃动煎锅，一边煮浓。调味后，加入黄油等油分融合，煮至糊状。

将橄榄油充分混合进蒸贝类的汤汁中，使全部汤汁乳化至乳白色且有黏度的糊状。

在橄榄油中加入煮意面的汤，晃动煎锅的同时使之乳化。乳化时需关火或用最小火。

意面酱的乳化

在五花肉析出的油脂中加入去皮整番茄罐头，用小火煮3~4分钟进行乳化，直至全部汤汁变黏稠。

煮过度的失败例子。能看到锅底，表面浮出油脂。

将蛤仔的汤汁适当煮浓，加入橄榄油，充分混合乳化，形成乳白色的糊状。

一种方法是在橄榄油中加入煮意面的汤或番茄等的水分进行乳化。另一种方法是在煮浓的汁水中混合橄榄油或生奶油等油脂进行乳化。

不论是哪种方法，都要大幅度地晃动煎锅，使水分与油分充分混合，做成黏稠的沙司，再与意面搅拌均匀。

3

香味与鲜美的技巧

罗勒不宜接触铁制的菜刀。如果用菜刀切,切口马上就会变黑,香味也不再明显。撕罗勒的方法要配合料理的需要,但如果撕得过碎,香味就容易飞散,所以撕得大一些比较好。撕成大块,罗勒吃到嘴里的时候香味还会在嘴里散开。无论如何制作,前提都是要在使用时再撕碎。

罗勒忌用铁制刀具切,用手撕成大块即可。

技巧 1

罗勒叶
撕碎

技巧 2

蔬菜的纤维不必切得十分整齐,相反是压碎或拍碎更容易散发内部的香味。像芹菜一样有很强的纤维的香味蔬菜,拍碎后再切更易于香味和鲜味的散发。

芹菜
拍碎

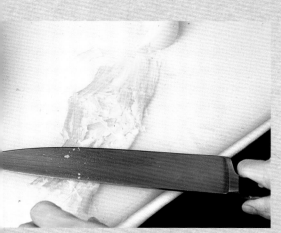

用刀腹等拍碎香味蔬菜的纤维。使用时再处理,香味更浓。

蘑菇撕开

沿着蘑菇的纤维撕开。像伞菌一样呈圆伞状的蘑菇，可以先用力攥一下再撕开。

蘑菇类和罗勒相同，忌用铁制刀具，用手掰碎或沿着纤维用手撕开使用。比起用刀整齐地切开，撕开的蘑菇更容易发出香味，也更容易融合味道。

蒜的碾压方法

将蒜带皮整个碾压后，皮可以轻松剥掉，十分省事。使用时再做准备即可。

将蒜带皮直接碾压，不但可以将蒜压开，还能去皮，可谓事半功倍。可以用手掌加以体重的力量碾压，也可以用菜刀碾压。

蒜被压开后，中间的纤维被破坏，发散出强烈的香味。压开后的蒜可以直接整个使用，也可以切碎使用。但铁制刀具会在蒜上留下异味，所以最好用力压碎。

通常，我在料理中不使用鲜味素。如果能将食材自身的鲜味完美地融入料理中，就没有太大必要使用鲜味素。

如果是煮肉的料理，煮制之前，一定要将肉全面煎烤。这个烤色是料理整体的味道、色泽、香味的要素，会使料理一下子好吃很多。

这时，如果锅中的油过多，则很难出现烤色。另外，"烧焦"和"做出烤色"很像，但两者是完全不同的状态。如果烧焦了就全部浪费了，所以一定要注意。

技巧 5

烤色是鲜美的关键

用肉馅制作肉酱也是相同的。不要将肉馅打散，整块做出烤色即可。煮肉时，肉会自己散开，所以不必担心。

放入肉后不要翻动。慢慢等待出现烤色。

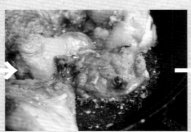

烧焦前就是翻面的时机。

在所有肉的两面都出现相同程度的烤色。这就是炖煮料理味道鲜美的关键。

用大火去掉酸味、浓缩鲜味

在炖煮料理或煎烤料理中，为了增加鲜味大多会加入红葡萄酒。但加入红葡萄酒后，需要用大火尽快熬出红葡萄酒中的水分，然后煮浓稠，这是一个要点。

为避免最终残留红葡萄酒的酸味，或者水分过多而味道寡淡，一定要使水分完全飞散出去。

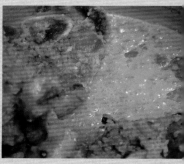

煮浓至锅底基本没有水分。如果只残留肉汁与油分，会听到"扑哧扑哧"爆开的声音。

煎烤料理的煮浓方法

在煎烤料理中，出现漂亮的烤色后再加入红葡萄酒，用大火逼出酒精和水分。

慢慢熬干水分，听到"扑哧扑哧"的爆破音时，水分基本就没有了。

蔬菜也是相同的。熬干水分，浓缩鲜味，直到锅的内侧或蔬菜的表面出现轻微烤色。

炖煮料理的煮浓方法

给肉做出烤色后，改成大火，加入红葡萄酒。

用大火将红葡萄酒煮浓。

将红葡萄酒的水分熬干，使酸味消散。听到"扑哧扑哧"的声音即可，这是最后残留的油脂与水分被加热时的声音。如果发出"噼里啪啦"的声音就不对了。

鲜味被尽快浓缩后，再加入水或去皮整番茄罐头炖煮即可。

煎锅中
残留的鲜味

烤肉或鱼后残留的肉汁中也含有大量的鲜美味道，扔掉就太可惜了。将多余的水分熬干，将它们做成沙司吧。

残留在煎锅中的鱼贝的烤汁。将中间加入的红葡萄酒等水分完全熬出。

充分浓缩鲜味后，加入生奶油搅拌黏稠。

在烤肉后的煎锅中加入调味料，用大火使水分与酸味飞散。

改小火，将橄榄油慢慢倒入锅中，使之乳化。

取出肉，将流出的肉汁全部加入锅中。

含有肉鲜味的沙司就做好了。

沙司、奶油、酱料等

番茄沙司

经过长时间煮制的番茄沙司可以生出浓厚的味道。但是这里为大家介绍一个在短时间内做出美味沙司的方法。

食材

洋葱（切碎）	1/2 个
芹菜（切碎）	1 根
橄榄油	50mL
去皮整番茄罐头（与汁一起搅碎）	1.5L
盐	适量

将洋葱与芹菜切碎，用橄榄油炒制。

炒出香味，待周围上色后加入去皮整番茄罐头。

煮20分钟左右，用盐调味。

如果想让番茄沙司更加柔滑，可以用滤网过滤。

番茄奶油沙司

将番茄沙司过滤后，加入黄油和面粉勾芡，最后加入生奶油，改良版番茄沙司就做好了。加入罗勒酱或甜酒后，番茄沙司的变化更加丰富。

食材

番茄沙司（过滤前）·················· 300mL

无盐黄油·························· 20g

高筋面粉·························· 1 小勺

生奶油························· 40~50mL

盐、胡椒粉······················ 各适量

❶ 在盆中加入黄油和高筋面粉混合均匀。用于沙司的勾芡。

❷ 加热过滤的番茄沙司，稍稍煮浓，使水分飞散。取出少量加入❶的盆中，混合至柔滑，再倒回番茄沙司的锅中。

❸ 黏稠后，一点一点加入生奶油混合均匀。用盐和胡椒粉调味。

【变化 1】

番茄奶油沙司 + 罗勒酱

在沙司上滴入罗勒酱和熬出一半水分的葡萄醋。

【变化 2】

番茄奶油沙司 + 甜酒 + 食材

将虾等食材加入沙司中，小火炖煮，再加入森佰加等甜酒，改良成风味独特的沙司。

烟花女沙司

在去皮整番茄罐头的底味中加入刺山柑、鳀鱼的传统沙司，可以用作比萨、意面和各种料理的沙司，使用范围十分广泛。将意大利冬芹换成牛至、迷迭香、百里香都很合适，也可以加入辣椒。

食材

蒜	1瓣	意大利冬芹（切大块）	少量
橄榄油	20mL	去皮整番茄罐头（和汁一起搅碎）	200mL
橄榄（切大块）	15g	盐	适量
刺山柑（切大块）	10g	＊压开去籽后切大块。	
鳀鱼	10g		

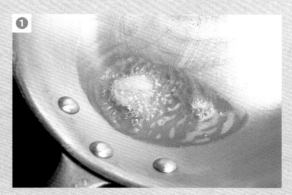

将压碎的蒜浸入油中，用小火加热。

将蒜炸透后，改小火，加入橄榄、刺山柑、鳀鱼，然后加入意大利冬芹，全部混合均匀。

改大火，加入去皮整番茄罐头，稍微煮浓一些。

稍微煮浓后，加入橄榄油（另用），大幅度转动煎锅，充分混合使之乳化。用适量的盐调味。

番茄罗勒沙司

将撕碎的罗勒混合进切块的新鲜番茄中，用橄榄油、盐和胡椒调味。将调味后却没有加热的沙司盖在蒜泥烤面包上或拌在意面中都很美味。作为沙司和蘸料，也可以淋在烤过的肉或鱼上。美味的关键是将番茄中析出的果汁和橄榄油乳化至黏稠，而且一定要充分混合。

食材

番茄（切块）…………………………… 2 个
蒜（切大块）…………………………1/2 瓣
罗勒叶…………………………………… 2 片
特级初榨橄榄油…………………………20mL
去皮整番茄罐头（和汁一起搅碎）… 少量
盐、胡椒粉、砂糖…………………… 各适量

将烫过的番茄对半切开，去籽。然后切成块放入盆中。块的大小按用途而定。

将蒜切成大块，放入盆中。刀尽量不要进入盆中，因为食材不宜接触铁制刀具。

因为罗勒不宜接触铁制刀具，所以用手撕碎放入盆中。用盐、胡椒粉调味。

如果番茄的味道不够，可以少量加入去皮整番茄罐头和糖。然后加入特级初榨橄榄油，一边晃动盆一边混合食材，使之乳化。

油和水融合，变成乳白色的糊状。

热那亚风味酱料

将刚摘下的罗勒叶与橄榄油、松子、帕尔玛干酪一起混合研磨，就是浓醇鲜香的热那亚风味酱料。原本是使用大理石的研磨器磨碎，但在现代，使用食物料理机制作十分简单。虽然一般都是混合在意面中食用，但混合蔬菜，或作为烤肉烤鱼的沙司也可以使用，是百搭的重要酱料。每次使用时制作，香味最为浓郁。不过大量制作再密封后，经过冷藏或冷冻保存，可以保存好几个月。需注意的是，接触空气后会发生变色。

食材

罗勒叶	50g
松子	70g
蒜	1/2 瓣
帕尔玛干酪	30g
盐	1/2 小勺
特级初榨橄榄油	50mL

❶ 将松子、去皮的蒜、帕尔玛干酪、盐加入食物料理机中，再加入一半的橄榄油。

❷ 放入罗勒叶后搅拌。最初转动十分困难，将剩余的橄榄油再分几次加入后就可以轻松转动了。

❸ 像这样带有小颗粒时酱就做好了。

香草酱

香草酱是将新鲜的各种香草和橄榄油一起用食物料理机搅碎后加盐调味的酱料。不加松子和蒜。

可以用罗勒叶等单一的香草制作，也可以混合几种香草制作。加入肉或鱼的腌汁中或淋入沙司中增香都很好。

制作方法以热那亚风味酱料的制作方法为基础。

因为可以长时间保存，所以可以多做一些备用，广泛应用于料理中。

蔬菜蘸温酱沙司

生蔬菜料理中蔬菜蘸温酱（Bagna Cauda）的沙司，可以淋在面包上，也可以拌意面，还可以淋在烤肉或烤鱼上，是应用十分广泛的沙司。用牛奶煮蒜调和香味，用鳀鱼增加鲜美，再用橄榄油温和地融合在一起。因为能长期保存，所以可以多做一些备用。保存时一定要让温酱充分沸腾后再出锅。

食材

蒜·············3头（25~30瓣、约150g）
牛奶····································适量
鳀鱼·······························40g
特级初榨橄榄油····················200mL

将蒜去皮后，与大量牛奶一起放入锅中。大火煮至沸腾后转小火，煮至蒜完全软烂，大约需要15分钟。

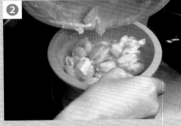

将蒜煮至用竹扦能轻松插透后倒入滤碗，扔掉牛奶，控干水分。

将蒜倒在砧板上，用刀背将蒜碾碎。也可以用叉子或勺子压碎。

将酱状的鳀鱼加入蒜中，用刀剁碎，混合鳀鱼和蒜。鳀鱼罐头中的油也很美味，一起混合即可。

混合好后倒入锅中，加入特级初榨橄榄油。油量以没过蒜泥为准。

开火加热，直到"咕嘟咕嘟"沸腾起来。如需保存，则在凉透后放入冰箱冷藏即可。

鱼肉沙司

使用油浸鱼肉罐头制作的沙司，也叫做鱼香酱（tonnato sauce），可以淋入煮好的（当然烤好的也可以）小牛肉、鸡肉、猪肉等肉类或蔬菜中，也可以混合土豆，做成土豆沙拉。多做一些保存起来，用的时候十分方便。

食材

鱼肉（罐头）	225g
洋葱（切大粒）	1/2 个
橄榄油（或色拉油）	50mL
刺山柑（切大粒）	30g
白葡萄酒	300mL
鳀鱼	1 片
蛋黄酱	150mL
生奶油、盐、胡椒粉	各适量

用橄榄油炒洋葱。用小火炒，注意不要炒到变色，待洋葱一变软就加入刺山柑继续翻炒。

加入鳀鱼和鱼肉，大致搅碎（罐头的汤汁也倒入）。

用木铲将鱼肉大致搅碎后，加入白葡萄酒。白葡萄酒的量没过鱼肉即可，用小火煮浓。

煮浓至如图程度时，将鱼肉泥放入搅碎器中搅碎过滤。混合蛋黄酱后，用生奶油、盐、胡椒粉调味。

【变化】

煮蔬菜 + 煮鸡肉 + 鱼肉沙司

鱼肉沙司制作完成后，使用方法十分自由。将大量的鱼肉沙司混合鸡胸肉和煮蔬菜后就是一道大份沙拉。在鱼肉沙司中加入一点朝天椒，味道便会让人入口难忘。

肉酱沙司

肉酱沙司是意面沙司的基础，千层面中也不可或缺。因为是用炖煮的方法制作，所以要点就是遵照炖煮的基本操作，将肉馅做出烤色，加入红葡萄酒后充分煮浓。虽然一般使用牛肉馅，但用混合肉馅也可以。如果用粗肉馅，还能体会到食肉的快感。

食材

牛肉馅*	2kg
洋葱（切碎）	300g
胡萝卜（切碎）	150g
芹菜（切碎）**	150g
橄榄油	100mL
红葡萄酒***	500mL
去皮整番茄罐头（和汁一起搅碎）	2L
月桂	1 片
盐、黑胡椒粉	各适量

* 肉馅可以使用混合肉馅。肉粒搅得稍大些，便可以在沙司中体会食肉的快感。在肉馅中撒入 10g 的盐和黑胡椒粉码底味。

** 用刀将芹菜的纤维拍断后再切碎，味道会更香。

*** 葡萄酒一般使用红葡萄酒，但使用白葡萄酒也是可以的。

将香味蔬菜用橄榄油慢慢翻炒。最初像用油炸一样，炸出水分后，鲜味便被浓缩了。

蔬菜变色后加入牛肉馅。不要搅动肉馅，轻轻分开后摊平即可。

飘出香浓的味道，并且肉馅的一侧出现烤色后，用木铲将肉馅翻面，以防烧焦。翻面几次后，肉馅全部出现烤色，自然也就散开了。

充分煎烤后，油脂与水分基本都没有了。这时一次性画圈加入足量的红葡萄酒。听到"吱啦"一声且水气蒸腾出来，就说明肉馅正在被充分煎烤。

用大火将红葡萄酒充分煮浓，红葡萄酒的鲜美被转移至肉馅中。没有水分后，剩余的油脂会发出"噼哩啪啦"的爆破声。这时加入月桂。

水分完全熬干后即可加入去皮整番茄罐头。用大火煮制沸腾后，转小火炖煮 30~40 分钟。

熬干水分后，呈黏稠状的沙司就做好了。加入盐、黑胡椒粉调味，静置一个晚上，使味道相互融合。

蘑菇酱

如果用酱当原材料，就可以在短时间内做好沙司。在烤好的肉或鱼的肉汁中或煮意面的汤汁中加入酱料，就可以马上做成沙司。酱的香味很容易消散，所以不宜长时间保存。但可以适当多做一些，用于各种料理中。蘑菇不是指单一种类，将几种蘑菇混合在一起制作酱料格外美味。

食材

各种蘑菇（4~5 种）……………… 各 1 包
蒜 ………………………………………… 1 瓣
橄榄油………………………………………50mL
盐 ……………………………………… 适量

将压碎去皮的蒜用橄榄油慢慢加热，直到中心也被炸透。这时加入用手撕开的 4~5 种蘑菇，马上撒入少量的盐。

改小火慢慢加热，炒出水分。

将蘑菇与汁水一同放入食物料理机中搅打，直到呈现酱状。搅至还留有蘑菇颗粒的状态，可以品尝出蘑菇的质感，口感也很好。

烤汁沙司

将肉或鱼贝烤好时，锅中会留有鲜美的烤汁。下面介绍的就是在烤汁中用黄油勾芡即可制作完成的烤汁沙司，与出锅的肉、鱼搭配堪称完美。将烤汁和黄油充分乳化是制作这个沙司的重点。如果煮得过浓，可以加入一点点水稀释。

鹌鹑的烤汁

在煎锅中将肉做出烤色。取出肉后，锅中留有烤汁。在剩余的烤汁中加入白葡萄酒，混合后煮浓。

另起一煎锅炒蔬菜等配菜，并倒入①的烤汁。炖煮一会，出现"扑哧扑哧"的声音后，盛出配菜。

在煎锅里剩余的烤汁中加入少量黄油。大幅度转动煎锅，使黄油在熔化的同时与烤汁混合均匀。

小羊排的烤汁

用煎锅做出诱人的烤色。然后直接放入烤箱中加热。

从烤箱中取出后，加入白葡萄酒。用大火使酒精挥发，取出小羊排。

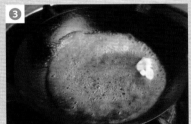
在煎锅里残留的肉汁中加入盐、胡椒粉调味。加入混合好的高筋面粉和黄油勾芡，大幅度晃动煎锅，使其慢慢熔化。

烤汁底味的沙司

将用煎锅烤好的肉或鱼直接做成沙司。加入戈贡佐拉奶酪、生奶油或番茄都可以做成沙司。即使不单独取出原汤制作，只用做出美味烤色的肉或鱼贝的烤汁就可以做出足够美味的沙司。

戈贡佐拉奶酪沙司

烤肉，画圈加入红葡萄酒。用大火熬干水分，将鲜味凝结起来。

转小火，加入生奶油和戈贡佐拉奶酪制作沙司。

番茄沙司

给黄油面拖鱼做出漂亮的烤色，画圈加入红葡萄酒，用大火熬干水分。

取出黄油面拖鱼，在空出来的①的煎锅中加入切碎的蒜，加热。

闻到蒜香后，加入番茄沙司，稍微煮浓些，然后加入黄油，使其慢慢熔化，待沙司浓郁并黏稠后就做好了。

烩饭的半成品

从生米煮成烩饭是很费时间的，所以可以制作成半成品保存在冰箱里，随时使用。这是可以用于所有烩饭的半成品。有了这个半成品，可以大大缩短制作时间，所以，将烩饭加入菜单中也就变得很轻松了。

食材

洋葱（切扇形）·····························	1/4 个
橄榄油·································	30mL
无盐黄油·······························	30g
米···································	1kg
水···································	适量

在锅中放入洋葱（带根没有散开）、黄油、橄榄油，小火加热。翻动洋葱炸出香味，加热至油有一点点变色。

米不要洗，直接倒入锅中。小心晃动锅，使所有的米粒都粘上油，受热均匀。

* 米粒很容易散开，所以无需使用木铲搅拌。

待米粒吸油变热，表面变成均匀的白色后，开大火，加水到米上1cm为宜。

沸腾后，将米和水轻轻搅拌混合。盖上盖子，放入预热至180℃的烤箱中。

加热约7分钟，烤至水分被吸收。

迅速将米移入大盘子内，薄薄地铺开冷却。因为余温会继续加热米粒，所以一定要马上冷却。全部冷却后，移入密封容器，放进冰箱冷藏保存。

※ 可以保存几天，但味道也会越来越淡，所以还是请尽快使用。

奶酪面包屑

奶酪面包屑常用于包裹在鱼贝类或肉类上后烤制。使用范围很广，可以一次性多制作一些，放入密封容器中冷藏保存，用起来十分方便。面包屑和帕尔玛干酪的比例为3∶1。

食材

面包屑	180mL
帕尔玛干酪	60mL
橄榄油	360~540mL

将食材全部混合均匀即可。可以用它直接涂抹烤制，也可以和热亚那风味酱料混合使用。用烤箱一烤，面包屑"咔嚓咔嚓"的酥脆感十分诱人。

蛋奶沙司

蛋奶沙司（Anglaise）是用牛奶、蛋黄、砂糖制作的很有代表性的甜品沙司。可以与水果或各种点心搭配后直接上菜。因为蛋奶沙司很容易烧焦，所以加热时一定要不停地搅拌。而且，如果过分加热，口感会变差，所以可以用隔水煮的方法加热。如果加入鼠尾草、迷迭香、薄荷等香草，并使用加热的牛奶，便可以做成有香草清香的沙司。

食材

蛋黄	2个
砂糖	60g
牛奶	270mL

在盆中放入蛋黄和砂糖，用橡胶铲搅拌。搅拌均匀后换成打蛋器，继续搅拌。

在大锅中煮开水，为了稳定，可以放入一块毛巾，然后再放入❶的盆。以隔水煮的方式继续搅拌。

待❷全部发白后，一点一点加入50℃~60℃的热牛奶，每次加入后都充分搅拌。将牛奶全部加入后，用打蛋器搅拌均匀，继续加热。沙司变浓稠后，迅速将盆放入冰水中冷却。

卡仕达奶油

卡仕达奶油被称为"点心屋的奶油"，是所有点心的制作中都需要使用的奶油，在本书中用于制作各种挞等。因为追求柔滑没有疙瘩的效果，所以加热时一定要用小火混合食材。另外，将凉牛奶分几次加入就不容易出现疙瘩了。

食材

蛋黄	3 个
砂糖	100~125g
低筋粉	20g
牛奶	500mL
香草精	少量

* 用香草豆荚替代香草精时，将香草豆荚划开，加入牛奶煮沸，冷却后使用。

❶ 在锅中加入砂糖、蛋黄，用橡胶铲混合均匀。

❷ 加入低筋粉，轻轻搅拌。需要注意的是，如果过度搅拌就会发黏，入口即化的口感就没有了。

❸ 加入 50mL 凉牛奶，搅拌均匀。

❹ 用小火加热，为了防止锅底的部分烧焦，要不断翻动搅拌。

❺ 从火上移开，加入少量牛奶混合均匀后，再继续加热。重复这一操作，直到将牛奶全部加入。中途可以换用打蛋器。

❻ 待煮至奶油变柔滑、发出"扑哧扑哧"的声音就做好了。从火上移开，加入香草精。马上移入大盘中，为了防止干燥，要盖好保鲜膜，自然冷却即可。

柠檬奶油

以柠檬的酸味为特征。不加入粉类，只使用鸡蛋勾芡。主要用于制作挞类，最后倒入烤好的挞皮中就完成了。

食材

柠檬汁	3 个（约 100mL）
砂糖	150g
无盐黄油（切小块）	100g
全蛋	3 个

在锅中挤入柠檬汁，放入砂糖。小火加热，使砂糖溶化。

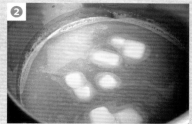

待砂糖全部溶化后，加入黄油。加热，待黄油慢慢溶化。

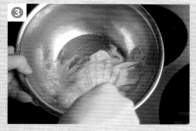

在盆中打入鸡蛋，用打蛋器充分打散。

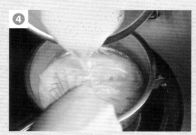

待❷沸腾后，转小火，一点一点加入❸的蛋液。不停搅拌，不要让鸡蛋凝固。

将鸡蛋全部加入后继续搅拌。如果温度过高，锅底和锅内侧会出现不均匀的颜色，所以要留意奶油的状态。直到表面的气泡消失，奶油的浓度就均匀了。

气泡从锅底"扑哧扑哧"地沸腾起来后便做好了。

挞皮原料

制作挞皮原料以在短时间内完成为原则，不要让黄油析出。为了防止失败，最好在温度变化小的大理石上操作。如果没有，也可以使用面积大且干净的砧板。有一种挞是在挞皮中加入奶油等混合馅料后烤制的，还有一种是在烤好的挞皮中倒入混合馅料制作的，不管是哪一种，挞皮都可以使用这个方法制作。

食材　直径 22cm 的挞盘约 4 个

低筋粉·······························500g

砂糖································150g

无盐黄油（切小块）···············400g

蛋黄·································2 个

❶ 将低筋粉和砂糖铺在操作台上，用手混合均匀。将面粉堆成山形，将黄油放在中间。

❷ 一边用刀将黄油切碎，一边涂抹上面粉。

❸ 用双手揉搓混合，将黄油揉成细粒，均匀地混入面粉中。手的热度很容易使黄油熔化，所以一定要快速操作。

❹ 变成均匀的"干巴巴"的状态后，堆成一个圆堆，在中间放入蛋黄。

❺ 将蛋黄混入面中。与揉面操作不同，手不要用力。将蛋黄全部打散混合均匀即可。

❻ 将原料团成团，用保鲜膜包好，放入冰箱冷藏。既可以让黄油冷却，也可以醒面。分成 4 等份保存，使用起来更加方便。

＊使用时用擀面杖擀薄，铺进挞盘中。为了防止底部膨胀，可以用叉子扎洞，使空气流出后再烤制。

第二章

前菜

"antipasto" 在意大利语中是前菜的意思。下面按照蔬菜、鱼贝、肉、奶酪、鸡蛋的顺序分别介绍需要准备的凉、热两种前菜。因为是第一道料理，所以请多准备几种可用的食材。

antipasto

番茄酱拌茄子和什锦蔬菜

Caponata

这道番茄煮蔬菜很受食客喜欢。虽然热着也很好吃，但是冰镇后非常适合夏季食用。也可用于前菜拼盘中的一种，或用作食材丰富的意面沙司。因为是一道应用广泛的料理，所以可以常备。一种方法是将蔬菜和番茄沙司一起炖煮，软烂后即可出锅。另一种方法是保留每一种蔬菜的味道和口感，将蔬菜分别油炸，番茄沙司单独煮浓，最后混合在一起，下面我将介绍这种做法。

食材 2人份

洋葱（切大粒）················	1/4 个
芹菜（拍开后切大粒）········	1/2 根
橄榄油······················	50mL
去皮整番茄罐头（和汁一起搅碎）	
·····························	600mL
盐、胡椒粉··················	各适量
罗勒叶······················	1 枝量
茄子（切2cm块）* ···········	2 根
西葫芦（切2cm块）···········	2 根
红彩椒（切2cm块）···········	1 个
口蘑（4等分）···············	6~7 朵
蟹味菇（掰开）···············	1 包
色拉油······················	适量

* 最好放入茄子，其他蔬菜可选用应季的时蔬。除了上面的蔬菜，还可以使用黄彩椒、竹笋、莲藕等有特殊口感的蔬菜，也可以最后混入黑色或绿色的橄榄。

制作方法

❶ 除芹菜和洋葱以外，其他蔬菜切成 2cm 宽的块。茄子油炸后因水分被炸出会变小，所以要稍微切大一点。

❷ 芹菜用刀背拍开后切大块。洋葱切大块。

⇧ 因为芹菜是作为香味蔬菜使用，所以拍断纤维后香味更容易发散。

⇧ 也可以增加洋葱和芹菜的量，一部分切成 2cm 宽的块，当作主要食材来使用。

❸ 在锅中加入橄榄油，放入❷的洋葱和芹菜。用中小火慢慢翻炒至蔬菜稍稍变色，炒出香味和甜味。

❹ 加入去皮整番茄罐头混合，用盐、胡椒粉调味。沸腾后改小火，慢慢煮浓。

❺ 将罗勒叶用手撕碎后加入。

⇧ 撕碎的罗勒叶比用刀切的更香。

❻ 最后，熬干水分至如图所示，煮浓成柔软的酱状即可。用盐、胡椒粉调味。

⇧ 考虑最后还要加入蔬菜，所以最好在这时将味道调得重一点。

⇧ 充分煮浓，使鲜味得到浓缩。

❼ 另起锅，加入大量橄榄油，加热至 170℃，将❶的蔬菜全部倒入锅中油炸。

❽ 用滤网控油后盛在纸上，吸去多余油分。

❾ 将蔬菜放入❻的沙司中混合均匀即可。

⇧ 沙司挂在蔬菜上即可，无需炖煮。

蔬菜

番茄香草烤面包

Bruschetta con Pomodoro

在简易版的蒜香烤面包上，放上满满的腌过的番茄块（番茄罗勒沙司），就是一道特别爽口的前菜。重点是混合食材之后，让油和番茄中析出的水分充分混合，乳化成黏稠状。虽然番茄的美味是决定这道前菜好吃与否的关键，但季节不合适或味道不够时，用去皮整番茄罐头和砂糖来补充味道也很不错。这个番茄罗勒沙司可以作为沙司和蘸料使用，与烤肉或烤鱼很搭配。

食材 4人份

法棍（薄片）……………………8片
蒜…………………………………1瓣
特级初榨橄榄油……………… 适量

番茄罗勒沙司

番茄（切小块）………………2个
蒜（切大块）………………1/2瓣
罗勒叶…………………………1枝
特级初榨橄榄油…………… 20mL
去皮整番茄罐头（和汁一起搅碎）
………………………………… 少量
盐、胡椒粉、砂糖……… 各适量

制作方法

❶ 准备番茄罗勒沙司。将番茄的蒂用刀的前端挖掉，浸在沸水中几秒后移入冰水。用刀的前端掀起番茄皮并剥掉。

⇧ 烫剥番茄皮是基础中的基础。因为会破坏味道，所以番茄不宜长时间浸泡在热水中。

❷ 将番茄横向分成两半，去籽。用勺柄的顶端操作十分简单，大小刚好合适。切块后放入盆中。

⇧ 块的大小可以根据喜好而定。考虑方便食用就切小一点，想口感爽脆就切大一点。

❸ 用刀将蒜压碎，去皮并切成大块。

⇧ 如果用刀多次切蒜，蒜上就会残留刀上的杂味。最初用力压碎一点就容易切碎了。

❹ 用手指将罗勒的叶子撕碎。和蒜一起放入❷的盆中，加入盐、胡椒粉调味。

⇧ 因为蒜和罗勒叶不宜接触铁制刀具，所以尽量不使用刀，而用手撕碎。

❺ 如果番茄的味道不够，可以加入去皮整番茄罐头和1小撮盐混合均匀。用量可根据口味调节。

❻ 最后加入特级初榨橄榄油，晃动盆，使所有的食材充分混合均匀。

⇧ 混合至充分乳化是重点。

❼ 充分混合至油和水成为乳白色黏稠酱状。使用前放在冰箱中冷藏。

⇧ 长时间存放的话，番茄中的水分就会析出，所以要在当日用完。

❽ 将法棍薄片放在加热的烤盘上烤制。

⇧ 也可以放入烤箱中，但烤盘做出烤色更快。

❾ 将蒜切开后涂抹在面包片的一侧，增加香味，洒上特级初榨橄榄油。慢慢地放上❼的番茄罗勒沙司就做好了。

⇧ 时间长了，沙司可能会分离，使用前再搅拌均匀，使之乳化即可。

焗烤番茄酿米饭

Pomodoro al Riso

将番茄去籽后，中间夹上米饭，焗烤成一道温热前菜。刚烤出来时也很好吃，但稍稍放上一会儿，在常温下味道更加浓郁可口。在营业前一起烤好，下单之后就可以直接上菜了。另外，调整分量后，可以做成大份，当作主菜提供。本来是可以只用蔬菜制作的料理，但这次在中间混入了生火腿，美味翻倍。

食材　4人份

番茄（小个）……………………	8 个
米……………………………………	200g
蒜（切大块）……………………	1 瓣
罗勒叶（切大块）……………	1 枝
生火腿*（切大块）…………	适量
去皮整番茄罐头（过滤汤汁）	250mL
特级初榨橄榄油…………………	60mL
土豆（切 2cm 块）……………	3 个
盐、胡椒粉………………………	各适量

* 生火腿可充分利用平时不常用的靠近小腿的部分或者边角碎肉。大家也可以研究使用其他蔬菜或肉类作为混合食材。

制作方法

❶ 将番茄蒂旁边的叶子摘掉。用刀削掉底部，中间的圆洞便可以塞入食材。然后再在番茄上部 1/4 处削开，做成盖子。

❷ 用勺柄去除番茄籽。

⇧ 最开始可以将番茄中间的果肉稍稍去掉一点，再用勺柄去掉周围的籽就容易很多。勺柄是最适合番茄大小的工具，所以操作十分简单。

❸ 并不是要将籽周围的果肉完全去除，而是只去掉籽。另外，连接蒂的中间部分很容易去掉，要小心不要破洞。用作盖子的一侧也要去除籽。

❹ 将去掉的籽过筛或滤网。取汤汁，加入去皮整番茄罐头中。

❺ 在盆中放入米、蒜、罗勒叶，加入盐、胡椒粉、特级初榨橄榄油。最后加入❹的去皮整番茄罐头混合。

⇧ 米不用洗，直接使用。

❻ 将生火腿切大块，加入❺中混合均匀。

❼ 在略深的耐热容器中码放番茄的下半部分，填入❻后盖上盖子。

⇧ 先将米等馅料用勺子均匀盛入番茄中，再将剩余的汤汁倒至番茄边缘，这样就不会洒出来了。

❽ 将土豆放入剩下的汤汁中，然后将土豆倒入番茄的空隙间，汤汁来回浇入即可。

❾ 番茄上如果粘上米粒，让米粒落入汤汁中即可。

⇧ 米粒如果不在汤汁里，就会烤硬或者烤焦，影响美观和口感。

❿ 用预热至 180℃ 的烤箱烤 30~40 分钟。分开盛入盘中，撒上切碎的意大利芹菜（另用）即可。

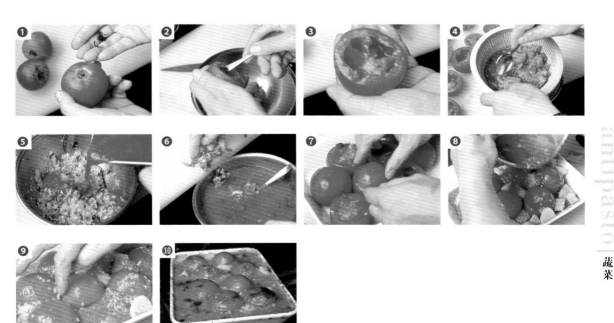

antipasto

蔬菜

蔬菜蘸温酱

Bagna Cauda

这道料理是皮埃蒙特的传统料理，是用生蔬菜蘸上蒜和鳀鱼制作的热沙司吃。在日本，它也是菜单上很受欢迎的固定料理。虽然很像所谓的蔬菜条沙拉，但是热沙司充分提高了作为前菜的满足感。因为温酱也可以用作意面沙司或者烤鱼、肉的沙司，所以可以事先做出来，用起来很方便。这道料理使用了用固体燃料加热沙司的蔬菜蘸温酱专用锅，但也不是一定要准备这种锅，用保温性能强的小陶锅、砂锅或小炖锅来代替也是可以的。

食材　约4人份

蒜　……3头（25~30瓣，约150g）	
牛奶……………………………	适量
鳀鱼……………………………	40g
特级初榨橄榄油…………………	200mL
应季蔬菜* …………………	适量

* 准备色彩缤纷的应季蔬菜。胡萝卜、黄瓜、水萝卜、红彩椒、土豆、菊苣、芝麻菜、圆白菜、蘑菇等均可。如果是能生吃的蔬菜,可以焯熟后切成易于食用的大小。

制作方法

❶ 制作温酱。蒜去皮，和大量牛奶一起倒入锅中。加热至沸腾后转小火，煮至蒜完全软烂。

⇧ 经过牛奶的煮制，蒜的辛辣就会被柔和。牛奶容易煳锅，请小心。

❷ 蒜煮至用竹扦能轻松扎透即可。约 15~20 分钟。

❸ 用网篮滤掉牛奶，去除水气。

❹ 蒜放在砧板上，用刀背将蒜压烂。

⇧ 也可以将蒜放进盆中，用叉子或勺压烂。

❺ 待蒜被压烂成酱状后，加入鳀鱼。用刀敲击，混合蒜和鳀鱼。

⇧ 罐头中的油也风味十足，一起加入会很美味。

❻ 移入锅中，加入特级初榨橄榄油。橄榄油的量要没过蒜泥。

❼ 加热至"咕嘟咕嘟"的程度。保存时可以等到冷却后放入冰箱。取适量放入专用锅中加热，和切好的蔬菜一起上菜即可。

⇧ 如果加热不彻底，不易保存。需要注意的是，长时间加热的话，会使美味消散。

蔬菜

帕尔玛风味焗茄子

Melanzane alla Parmigiana

温热的前菜。寒冷的季节，请准备一些热热的前菜。一层一层铺上炸好的茄子和番茄沙司后烤制而成，是帕尔玛地区的温热传统料理，也是一道很快就能上菜的料理，不用浪费很多时间。凉的前菜可以事先做好备用，热的前菜也可以将准备工作提前做好。

食材　1 人份、直径 16cm 深
**　　　3cm 的耐热器皿 1 个**

茄子 * ⋯⋯⋯⋯⋯⋯⋯⋯	2/3~1 个
番茄沙司（→ P27）⋯⋯	约 50mL
帕尔玛干酪⋯⋯⋯⋯⋯⋯⋯	30g
马苏里拉奶酪⋯⋯⋯⋯⋯	40~50g
盐、高筋面粉、炸油⋯⋯	各适量

* 茄子纤维明显，口感很好。请选择饱满又有光泽的品种。用普通茄子也可以，1 人份大概 1~2 个。

制作方法

❶ 茄子去蒂后削皮，切成 6~7cm 厚的片。

⇧ 虽然也可以带皮制作，但是皮的黑紫色容易浸入料理中，削掉的话做出来更漂亮。

❷ 将茄子码在大方盘中，撒盐去涩。2 个茄子用 1 大勺盐就可以了。

⇧ 想要完全去涩，就要在茄子上均匀地撒满盐。虽然有点麻烦，但也要将茄子依次码放在大方盘中，不能重叠。

⇧ 用去涩、去水的工序便可让茄子的风味大大提升。

❸ 将滤网放在盆中，将❷的茄子平整地重叠放入滤网。

❹ 在茄子上放一个器皿，然后压上重物（图中为多个盆），放置 10 分钟左右去涩。

⇧ 重物可以是几个很轻的东西。用手边的东西就可以。

❺ 在茄子上均匀粘上高筋面粉，然后拍掉多余的散粉，薄薄地粘一层即可。

❻ 用约 180℃的热油炸制。

⇧ 可以在锅里放满茄子，但是油温会突然下降，所以最开始要开大火。

❼ 中途转中火，翻面继续炸制，变成焦黄色即可捞出，放在滤网上沥干多余的油。

⇧ 从茄子中跑出的气泡少了，说明水分已被炸出。

⇧ 茄子可以一次多炸一些，在冰箱中能保存 2~3 天。

❽ 在器皿中涂一层薄薄的番茄沙司，然后码入一层茄子，再涂番茄沙司。

⇧ 需要准备有耐热性和保温性的器皿，并且可以直接作为一人份上菜的器具。

❾ 放上撕碎的马苏里拉奶酪和帕尔玛干酪。重复两次❽和❾的操作。

⇧ 如果想让分量更足，可以放 3 层茄子。

❿ 将每个器皿分别放在小炉子上，加热至四周"扑哧扑哧"冒泡时，放入预热至 220℃的烤箱中，烤至表面出现烤色。

⇧ 如果将凉的器皿放入烤箱中直接烤会很浪费时间，所以可以先在小炉子上加热后再放入烤箱，这是节省时间的技巧。烤制时间可以减半。

奶酪米饭球

Suppli al Telefono

中间的马苏里拉奶酪熔化至黏稠，用料也很足，是在番茄味的烩饭上粘满面包屑炸制而成的"油炸米饭丸子"。粘面包屑和炸制的操作多少有些费时间，如果使用准备好的烩饭半成品，制作起来就会方便很多。另外，图片中是将多人份的米饭球一起炸制的。作为前菜，每人一个的分量就很充足了，还可以和其他的清爽蔬菜类组合在一起，做成前菜拼盘。

食材　5~6人份

烩饭半成品（→P38）……… 250g
水…………………………… 100mL
番茄沙司*（→P27）……… 150mL
盐、胡椒粉………………… 各适量
帕尔玛干酪………………… 40g
无盐黄油…………………… 30g
罗勒叶**…………………… 4~5片
马苏里拉奶酪……………… 约1/2个
高筋面粉、蛋液、面包屑、炸油
…………………………… 各适量

* 如果加量，番茄的味道会变浓。
** 根据喜好，不放也可以。

制作方法

❶ 在锅中放入烩饭半成品和水，开火加热。将米充分搅拌，使其不要粘连。

❷ 当水分均匀分布，米也打散后，加入盐、胡椒粉、番茄沙司混合均匀。再加入帕尔玛干酪、黄油。

❸ 确认味道后，将罗勒叶撕碎混合。

⇧ 比起用刀切碎，撕碎的味道更加香浓。

❹ 马上取出倒入大方盘。

❺ 让米饭内部不要留有余温，充分摊开使其冷却。

⇧ 如果不摊开冷却，米里的余温就会使米粒变软。

❻ 完全冷却后，取少量米在手中，将撕成小块的马苏里拉奶酪放在中间，揉成圆球。

❼ 用同样的方法，将所有的奶酪都包入米里并揉成圆球。

⇧ 大小可以根据喜好决定。如果太小，不容易包住马苏里拉奶酪，炸出来也没有分量感；如果过大，炸制很费时间，而且会油腻。

❽ 将所有的米球粘上高筋面粉。将多余的散粉拍掉，不要让粉很厚。

❾ 粘蛋液后，撒上面包屑（细）。

⇧ 需注意的是，如果粘上蛋液后长时间放置，水分就会使米团散开。粘高筋面粉和面包屑时可以几个一起操作，但是粘蛋液时最好一个一个操作。

❿ 用约160℃的低温油炸，不时转动一下。炸成焦黄色时（中心也变热）就可以出锅了。捞出控油即可。

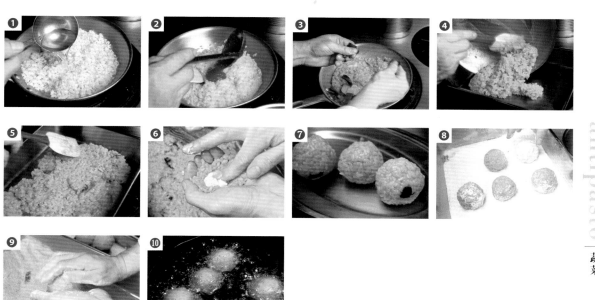

松茸沙拉

Insalata di funghi Porcini

如果能买到意大利产新鲜松茸，一定要做这道沙拉尝一尝。因为松茸是细密肉厚的蘑菇，有独特的筋道口感和细腻的风味。松茸焗烤或者煎炒都可以，但是鲜嫩有硬度的食材我都会生着使用。因为松茸有鲜香的味道，所以不用水洗，上菜前直接切片与其他食材混合即可。放置时间长了，松茸不但会变色，香味也会消散，鲜美的味道就会大大失色。

食材

松茸（小个）* ···············2 朵
口蘑（切薄片）** ···········3~4 朵
芹菜（切薄片）···············1/4 根
洋葱（切薄片）···············少量
柠檬···························1/2 个
特级初榨橄榄油
　　······ 适量（柠檬汁的 3~4 倍）
盐、胡椒粉、帕尔玛干酪··· 各适量

* 伞打开、香味强的松茸适合加热烹调。稍硬口感的松茸适合做成沙拉。挑选时注意选择鲜度高的松茸。无需水洗，用刀将脏的地方切掉，再用纸巾擦拭即可。
** 其实放口蘑是为了控制成本。根据松茸的量，按喜好调整口蘑的用量即可。

制作方法

❶ 垂直于芹菜的纤维，从一端开始切薄片。

⇧ 切断纤维易于食用。留有爽脆的口感，又不会有纤维留在口中，完全不会干扰主角松茸的味道。

❷ 洋葱也用相同的方法垂直于纤维切片。

⇧ 洋葱只是为了调节味道，少量为宜。

❸ 将口蘑表面变色或脏的部分切掉后，从一端开始切薄片。

❹ 用刀削掉松茸表面脏的部分。

⇧ 用水洗松茸会吸收水分，难得的口感和美味都会被削弱，所以要尽量避免。如果特别脏，可以用湿布擦拭。

❺ 将松茸从颈部的一半左右切开，下半部分切成 1~2mm 厚的圆片。

⇧ 中间可能会有小虫子，切下后使用就没有问题。

❻ 上半部分保留伞的形状，沿着颈部的纤维，切成 1~2mm 厚的薄片。

❼ 将切好的食材全部倒入盆中，用手混合均匀。撒入盐、胡椒粉，充分混合均匀。

⇧ 每放入一种调料都要混合均匀，这是制作沙拉的原则。

❽ 挤入柠檬汁。全部混合均匀，最后加入特级初榨橄榄油。盛入器皿中，放上切成薄片的帕尔玛干酪。

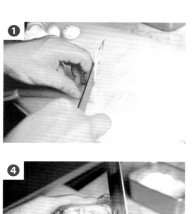

antipasto

蔬菜

俄罗斯风味小虾土豆沙拉

Insalata di Patate alla Russa

将煮熟的土豆用蛋黄酱混合而成的简单土豆沙拉。加入了虾、火腿等丰富的食材，最后像蛋糕一样装盘，制作一道看起来有点豪华的前菜。土豆整个下锅煮熟后，趁热剥皮并切块。这样一来，土豆表面就容易碎，恰巧能起到黏合的作用。而且趁热制作，让土豆更容易吸收调料的味道。刚做好会调味稍重一些，凉了味道就正合适了。

食材　12~14 人份

土豆*	10 个
洋葱	1½ 个
芥末	1 大勺
虾仁	200~250g
菠菜	1/2 捆
火腿	100g
煮鸡蛋	10 个
盐、胡椒粉	各适量
装饰用橄榄	适量

蛋黄酱

蛋黄	3 个
芥子、盐、胡椒粉	各适量
柠檬汁	1/2 个
特级初榨橄榄油	适量

* 制作沙拉时，使用甜味的五月皇后（May Queen）土豆味道更好。

用料的准备

虾仁：放入加盐的 85℃热水中，加热沸腾后取出放凉。

菠菜：用盐水煮熟后，切成易于食用的大小。

火腿：切小块。

煮鸡蛋：一半用作装饰，切成片。其余的切成大块拌入沙拉。

制作方法

❶ 将土豆整个煮熟。趁热剥皮，切成小块。因为希望表面能有一些碎裂，所以用餐刀随意切开即可。

↑ 土豆凉了之后不仅不容易剥皮，也不容易碎了和入味。

❷ 趁着温热，将土豆放入盆中，撒入盐、胡椒粉，用手混合均匀。这时的土豆有点碎，很容易入味。

↑ 这时尝一下味道，调整至稍咸一点备用。

❸ 洋葱沿着纤维切成薄片，加入少量的盐后用手混合均匀，待水分慢慢渗出。

↑ 洋葱是味道的关键。多放一些洋葱可以提味，但是需要充分用盐腌出水分，去掉辣味。

❹ 用纱布或毛巾包住洋葱，挤出洋葱的水分。然后在流水下轻轻揉搓，去掉辛辣的味道。

❺ 最后，用力攥住洋葱，挤出水分，然后将洋葱倒入盆中。与芥末混合均匀。

↑ 芥末如果单独放进土豆中，不容易混合均匀，所以先与洋葱混合备用。

❻ 在❷的土豆中加入❺的洋葱、菠菜、火腿，充分混合均匀。

❼ 再加入切大块的鸡蛋和虾仁，充分混合均匀。

❽ 最后，加入一半的蛋黄酱，搅拌均匀。

❾ 将沙拉盛在大器皿中，用蛋糕模具调整成蛋糕的形状，周围涂抹剩下的蛋黄酱。放上装饰用的鸡蛋和橄榄。

↑ 放在冰箱中冰镇 1 小时左右，定型。

❿ 上菜时做适当切分，盛放时注意不要松散。

蛋黄酱的制作方法

可以购买成品。如果自己制作，可参照以下方法：

❶ 将蛋黄、芥末、盐、胡椒粉用打蛋器混合，挤入柠檬汁。

❷ 搅拌的同时一点一点地加入橄榄油，搅至酱状就做好了。

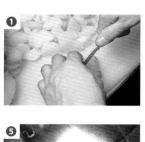

antipasto

蔬菜

油炸西葫芦花

Fritto di Fiore di ZumLhini

包裹了加入啤酒的面糊，炸到酥脆的油炸西葫芦花。西葫芦花是可以在花瓣中填入馅料的方便食材。这里的馅料用了最基础的、加入鳀鱼的马苏里拉奶酪，加入的食材不同，味道也千变万化。脆壳使用了面粉和啤酒混合成的面糊。通过啤酒酵母的作用，炸制后脆壳会像面包一样轻盈。因为食材必须充分混合，所以制作时需要费些时间。这种面糊可以用来炸各种菜品，使用范围很广，尤其和苹果很好搭配。

食材 1人份

西葫芦花 * ·························2 个
马苏里拉奶酪·····················60g
鳀鱼·································1 片
高筋面粉··························· 适量

面糊

　高筋面粉 ·····················100g
　啤酒 ·························180mL
　盐 ····························· 少量
炸油······························· 适量
柠檬、菊苣························· 各适量

* 西葫芦花有雌花和雄花之分，结果的是雌花。餐厅中主要使用雌花。鲜度就是料理的生命，所以请尽快使用。

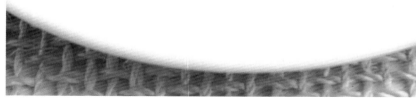

制作方法

❶ 制作炸制脆壳的面糊。在高筋面粉中加入少量的盐，再倒入啤酒，搅拌至柔滑即可，约需 30 分钟。

⇧ 面粉混合均匀即可。需要注意的是，过度搅拌会出现黏性，就不能炸出酥脆的口感了。

❷ 将鳀鱼用刀身碾碎。

⇧ 鳀鱼的量可以根据喜好调节。

❸ 制作馅料。在盆中放入马苏里拉奶酪，用叉子碾碎，加入鳀鱼，混合均匀。

⇧ 制作多人份时，用食物料理机搅拌更加快捷。

❹ 在西葫芦花的果实部分划一刀。

⇧ 为了果实可以和填入馅料的花朵部分火候相同，在不易受热的果实部分纵向划一刀。

❺ 打开花瓣，注意不要把花瓣弄破。用鱼骨钳夹住花瓣中间的花蕊，取出。

⇧ 花蕊不但味苦，而且也妨碍填入馅料，一定要取出。

❻ 将❸的馅料揉成与花瓣长度相同的细长条，用花瓣包裹住馅料，前端捏紧封口。

⇧ 需要注意的是，如果封口没有捏紧，炸制的过程中馅料会流出来。

❼ 在花瓣部分粘上薄薄的高筋面粉，然后蘸上醒好的❶的面糊。

❽ 放入 180℃的油中炸制。

⇧ 如果油温过低，也不能炸酥脆。

❾ 不时翻面，炸成均匀的焦黄色。与装饰用的柠檬、菊苣一起装盘后即可上菜。

蔬菜

61

前菜拼盘

Antipasto Misto

这里的"Misto"是"拼盘"的意思,"Antipasto Misto"就是"前菜拼盘"的意思。在意大利料理中,将多种前菜拼在一个盘子里上菜的方式十分普遍,而且很受欢迎。将哪些菜品如何拼在一起,就要看料理人的功力了。前菜拼盘也被称为测试实力的菜单。这里组合了4种前菜,其实我还想要多拼一点。如果加入可以事先大量做好的料理和市销的火腿类等食材,使组合达到6~7种,我想才是最好的。当然,这样做需要注意以下几点:①肉、蔬菜、鱼各种料理的搭配要均衡。②不要偏向同一味道。③色彩要鲜艳。即使是拼盘,也不能将相同颜色的菜品摆在一起。味道固然重要,配色上也要赏心悦目。除了这个拼盘中用到的菜品,还可以使用番茄香草烤面包(→ P46)、鱼酱浇汁鸡肉凉菜(→ P82)、番茄酱拌茄子和什锦蔬菜(→ P44)等。

焗茴香　　　西西里风味腌彩椒

LA BETTOLA

意式烘蛋

西西里风味腌彩椒

肉厚的彩椒甜味和口感是这道菜的亮点。使用哪种颜色的彩椒都十分缤纷,而红色彩椒甜味最强。烤汁中融入了彩椒的美味,所以不要丢弃,继续使用即可。

食材　8人份

红彩椒、黄彩椒…………	各3个
蒜(切大块)……………	1瓣
罗勒叶(撕碎)…………	8片
白葡萄醋…………………	30mL
橄榄油……………………	200mL
盐、胡椒粉………………	各适量

制作方法

❶ 将整个彩椒放入预热至160℃的烤箱中,小火慢慢烤制。不时翻面,使彩椒均匀出现烤色。用手指试着按一下,全部变软即可取出。

⇧ 表皮烤黑也没关系。

❷ 趁热用手指剥皮,去除中间的籽。可以一边用水冷却手指一边操作。撕成适当的块,放入盆中。烤汁不要丢掉,也倒入盆中。

⇧ 凉了就不易剥皮了。

⇧ 因为十分珍贵的美味会流走,所以烤好后千万不要把彩椒放入水中。

❸ 加入蒜、罗勒叶,用白葡萄醋、橄榄油、盐、胡椒粉调味。混合均匀后放置一会儿,使味道充分渗入。

焗茴香

在煮至柔软的茴香上，浇上白汁沙司和奶酪烤成的焗茴香。分开装盘时，要体现出有卖相的烤色才最好看。温的或者凉的都十分美味。

食材　4 人份

茴香·····························2 棵
盐、胡椒粉、无盐黄油······各适量
白汁沙司* (以下为易于制作的量)
　　无盐黄油　···············20g
　　高筋面粉　···············20g
　　牛奶　·····················220g
帕尔玛干酪······················10g

* 将煎锅加热，熔化黄油，加入高筋面粉，用木铲炒至面粉不再松散。离火，加入一半的牛奶，一边混合一边搅匀。再加热，一边搅拌，一边慢慢倒入剩下的牛奶，煮 10 分钟左右即可。

制作方法

❶ 切掉茴香的叶子，为了更容易受热，在底部深切十字花刀，放入盐水中煮。

⇧煮至柔软，用竹扦可以轻松扎透即可。

❷ 从花刀处分成 4 等份，再分别切成一半，分成 8 等份，撒上盐、胡椒粉。

❸ 将茴香放入涂了黄油的烤盘中，浇上 30~35g 的白汁沙司。再撒上帕尔玛干酪，放入几块黄油。将烤盘在火上加热，听见"扑哧扑哧"的声音时放入预热至 220℃的烤箱中做出烤色。

意式烘蛋

烤成大圆盘形的意大利风味蛋饼。中间放入的馅料没有特别规定。可以是 1 种，也可以混合多种火腿和蔬菜，还可以放很多馅料。

食材　1 张份

鸡蛋·····························4 个
馅料
　西葫芦　·····················1 根
　茄子　························1 个
　红彩椒　·····················1/2 个
　口蘑　·······················4 朵
　番茄　························1 个
　摩泰台拉香肠*　·············50g
橄榄油、盐、胡椒粉········各适量
帕尔玛干酪······················30g

* 博洛尼亚地区的熏香肠。用大块肉灌制的大香肠。在日本也叫做博洛尼亚香肠。

制作方法

❶ 将各种馅料分别切成薄片或小块。在锅中倒入橄榄油加热，将所有馅料一起倒入锅中翻炒。稍微加一点盐和胡椒粉调味，冷却备用。

❷ 将鸡蛋打成蛋液，加入帕尔玛干酪，混合盐、胡椒粉，加入❶的馅料。在煎锅中多倒一些橄榄油，大火加热后，倒入蛋液。用 2 把叉子搅拌，使橄榄油充分混合进蛋液中，可以增加香味，煎至半熟状态。

❸ 放入预热至 150℃的烤箱中烤制。中间受热、底部出现烤色后翻面，将两面都做出烤色。中间熟透、鸡蛋凝固后即可取出，冷却定型后切分即可。

金枪鱼牛油果沙拉

Insalata Tonno e Avocado

切块的金枪鱼赤身和牛油果混合成黏稠的凉沙拉。推荐直接放在面包或菊苣上吃。金枪鱼无须使用很昂贵的品种。牛油果有黏腻浓厚的味道，因为最后还要用橄榄油调和，反而是和清爽的大眼金枪鱼、黄鳍金枪鱼、长鳍金枪鱼等价格便宜的金枪鱼更加搭配。当然，即使是冷冻鱼也可以做得很美味。除了这里使用的调味料，还可以用柠檬等柑橘类的汁作为酸味调味料，用朝天椒或芥子粒、鳀鱼提味都很合适，创造的可能性也很多。

食材　4人份

金枪鱼赤身 *（切小块）········	200g
牛油果（切小块）···············	1个
洋葱（切碎）·····················	20g
刺山柑（切大粒）···············	10g
红葡萄醋·························	10mL
香醋·····························	少量
特级初榨橄榄油·················	30mL
盐、胡椒粉······················	各适量
胡葱（切小段）·················	适量

* 这里使用黄鳍金枪鱼。

制作方法

❶ 因为牛油果中间有一颗大大的籽，所以在牛油果上纵向切一圈，然后用手一拧就能将牛油果分成两半。

❷ 拿住牛油果，用刀轻轻地压住籽，然后拧一下，籽就取出来了。皮用手剥掉即可。

❸ 将牛油果扣在砧板上，从侧面切成上下两半，然后横竖切成小块。

⇧ 将牛油果排成一排，从一端开始全部切完最为省时。

❹ 小心地移到盆里，不要让牛油果碎掉。

⇧ 牛油果十分易碎，不要直接在砧板上移动，可以借助刀身将牛油果全部放入盆中。

❺ 将金枪鱼切成与牛油果大小相同的小块。

❻ 将金枪鱼、洋葱、刺山柑放入盆中。多放一点盐、胡椒粉混合均匀，再加入红葡萄醋、香醋，充分混合均匀。

⇧ 因为想要体现洋葱的辛辣和香味，所以无须用水冲洗，直接使用即可。

⇧ 用手轻轻搅拌，不要破坏金枪鱼。

❼ 加入特级初榨橄榄油混合均匀。

❽ 橄榄油要如图中一样，全部黏稠地裹满金枪鱼。用量是醋类的3~4倍。

❾ 加入牛油果，全部混合均匀。在器皿中放上菊苣，在上面盛上满满的沙拉，撒上胡葱即可。

生鱼片

CarpamLio di Pesce

如果使用应季的鱼制作生鱼片，就是一道一整年都可以方便制作的菜品之一。沿着鱼的纤维方向片成薄片，保留弹性的口感是生鱼切片的亮点。搭配大量的生蔬菜，感觉像沙拉一样适口。只不过，如果不随机应变、根据鱼的种类和用量来调整调味料，就会变成不能体现鱼本身特性的单调料理。基础调味是柠檬汁和橄榄油，葡萄醋或香醋等各种调味料都可以试一试。这里使用的鱼是黄尾鲕，用少量香醋提味。

食材　1 人份

鱼（黄尾鲕）*	50g
柠檬汁**	1/2 小勺
特级初榨橄榄油	10mL
香醋	少量
盐、胡椒粉	各适量
各种蔬菜类（番茄、菊苣、黄瓜、胡萝卜、芹菜、土豆）	适量
盐、胡椒粉、柠檬汁、特级初榨橄榄油	各适量
胡葱（切小段）	少量

* 要使用当季的新鲜鱼。鲈鱼、小鲕鱼、鲷鱼、高体鲕、竹荚鱼都可以使用。
** 柠檬汁和香醋也可以换成葡萄醋、覆盆子醋等各种醋。

制作方法

❶ 将切好的鱼肉从尾巴一侧开始片成薄片。用左手的手指按住鱼肉，将刀拉向自己的斜前方切下。

⇧ 从鱼尾开始斜向切，不会破坏肉的纤维，能提升口感。

❷ 厚度约 2mm。不同的鱼，厚度要基本保持一致，注意不要切碎。如果片得过薄，会给人分量不足的感觉。

⇧ 可以一次性多切出一些备用。分成多个 1 人份，将鱼片摆好，用保鲜膜包起来放进冰箱冷藏。

❸ 将鱼片码在上菜的盘子上。不要留有空隙，完全覆盖盘子。

⇧ 盘子需要提前冷却。

❹ 均匀撒入盐、胡椒粉，来回淋入柠檬汁。轻轻涂一下，让盐渗进鱼肉中，来回淋入特级初榨橄榄油。

⇧ 将鱼肉切好后马上码盘，所有的调味都在盘子中进行。虽然也可以在盆中混合后再盛入盘中，但直接撒更快一些。另外，盐和胡椒粉尽量从较高的位置撒入，并在各处撒均匀。

❺ 来回淋入香醋。

⇧ 香醋用于黄尾鲕、小鲕鱼等腥味和油脂比较重的鱼调味时，作为味道的亮点可以少量使用。但用于鲈鱼等清淡的鱼中时则要注意分量。

⇧ 油与醋的比例基本为 3 ∶ 1。

❻ 将菊苣切成 1cm 宽的段，番茄切成 5mm 大的块，其他的蔬菜切成丝。除番茄之外，其他蔬菜都可以事先在水中浸泡一会儿，沥干水分后放入冰箱冷藏备用。

⇧ 选用应季的蔬菜品种。如果是夏天，适合用薄荷等香味蔬菜。

❼ 将蔬菜放入盆中，撒入盐、胡椒粉，混合均匀。再淋入柠檬汁、特级初榨橄榄油。

❽ 将所有蔬菜和调味料混合均匀。

❾ 在❺的鱼的中心，满满地放上蔬菜。撒上切成小段的胡葱就可以上菜了。

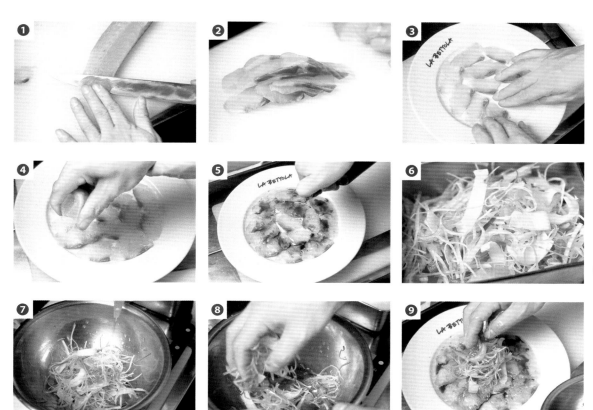

鱼贝沙拉

Insalata Frutti di Mare

将各种鱼贝类混合在一起，加入辛辣的蒜和辣椒以及酸味的柠檬，鲜香四溢。不论哪种鱼贝类食材，只要过度加热，肉就会变硬变紧，美味也就丢失了。虽然费些时间，但一定要将不同种类的食材分开，分别加热，这是重中之重。葡萄酒蒸贝类的汤汁中含有丰富的美味精华，适量加入沙司中，这道菜的风味和美味都会更胜一筹。如果过分冰镇，鱼贝类的口感会变差，美味也很难感觉到，所以常温最合适。

食材　4 人份

贻贝·····················4 个	白葡萄酒·················15mL
蛤仔·····················20 个	柠檬汁···················1 个量
长枪乌贼·················1 只	意大利芹菜（切碎）　适量
虾夷盘扇贝···············4 个	特级初榨橄榄油···········30mL
对虾·····················20 只	盐、胡椒粉··············各适量
蒜·······················1 瓣	
橄榄油···········30mL＋30mL	
红辣椒···················1/2 根	

* 鱼贝类还可以使用除此之外的其他应季食材。最好用新鲜的鱼贝类，虾和乌贼可以用冷冻品。

制作方法

❶ 处理鱼贝。在流水下揉搓贻贝，洗掉表面的脏东西。壳上如果有黑色的带状物体，用力拉掉即可。

❷ 将手指伸进长枪乌贼的身体中，打开连接处，直接将触脚的部分从身体内拔出来。拔掉身体中残留的骨头，鳍拉掉。剥皮后切成易于食用的大小。

❸ 脚的部分去掉嘴、眼睛、肠，切成一半或3等份。

❹ 将碾碎、去皮的蒜和30mL橄榄油放入煎锅中，加热至蒜稍有变色，放入辣椒、贻贝、蛤仔。注入白葡萄酒，加盖加热一会儿。贝壳打开后，将贝类取出放入大平盘中。

⇧ 根据喜好，也可以不放蒜和辣椒，味道更加清爽。

❺ 将剩余的煮汁稍稍煮浓一些，加入30mL橄榄油。转动煎锅，充分混合，形成有浓度的乳白色沙司。取出放凉。

⇧ 有可能会残留贝类里的沙子，倒入其他容器中时，最后剩一点即可。

❻ 在热水中加入1%的盐，加热至沸腾。放入4等分的虾夷盘扇贝，关火，用余温加热扇贝。表面变白即可。

⇧ 如果使用冷冻品，在热水中加入少量的白葡萄酒和柠檬汁味道更好。

❼ 虾和乌贼用相同方法加热后盛出，放在厨房用纸上沥干水分。

⇧ 根据不同种类，用余温加热。鱼贝类是完全加热的禁区。过了火候，肉就会变硬，美味也大打折扣。

❽ 将食材全部放入盆中。将贝类的肉从壳中取出时，连剩余的汁水也一起加入盆中。尝一下味道，撒入盐、胡椒粉，加入意大利芹菜、柠檬汁、特级初榨橄榄油，每加一种都要混合均匀。

❾ 根据个人口味加入❺的煮汁。趁着食材还有热度时混合均匀。稍放置一会儿就完全入味了。

⇧ 尽可能不要放入冰箱，以常温状态上菜。

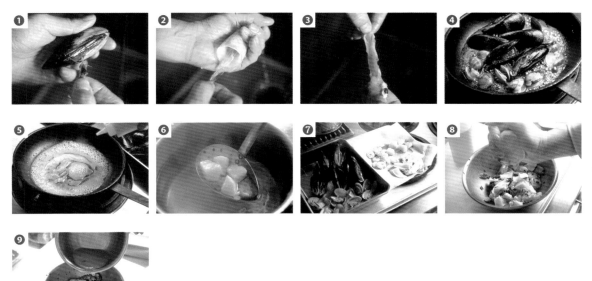

沙丁鱼卷

Sarde al BemLafico

这是一道将卷有馅料的沙丁鱼烤制而成的前菜。菜名中的"BemLafico"是西西里特有的、将食材卷起来的料理方式。本来使用的是比远东拟沙丁鱼更小的日本鳀，据说它竖着的尾巴和西西里的小岛"BemLafico"的形状很像，因此得名。中间的馅料加入了葡萄干和松子，酸酸甜甜的味道和沙丁鱼相得益彰。另外，还有加入压扁的四鳍旗鱼或小牛肉、切碎的乌贼或虾等新尝试。在家中制作这道菜时，可以加大分量当成主菜，是一道口感丰富的料理。

食材　2~3 人份

远东拟沙丁鱼…………… 8~10 条
盐、胡椒粉………………… 适量

馅料

　帕尔玛干酪、松子、葡萄干
　………………………… 各 1 小把
　面包屑 ………………… 40g
　煎洋葱 * ………………… 1/2 个
　意大利芹菜（切碎）… 2~3 根
　橄榄油、白葡萄酒 …… 各 30mL
　柠檬、橙子 ** ………… 各 1 个
　盐、胡椒粉 …………… 各适量
月桂叶 *** ………………… 适量
砂糖…………………………… 少量
烤盘用橄榄油………………… 适量

* 将洋葱切碎后，用少量橄榄油炒至软烂即可，放凉备用。
** 使用果汁（馅料）和果肉（摆盘）。将两种柑橘的果汁混合起来，调出温和的酸味。
*** 尽量准备新鲜的。

制作方法

❶ 首先处理沙丁鱼。将沙丁鱼去鳞，斜向将头切掉。斜向切开腹部，从里面取出内脏。

❷ 在中骨上插入刀，沿着中骨切向尾部，片下一半鱼肉。

❸ 将带中骨的一半扣在砧板上，用同样的方法片下另一半的鱼肉。

❹ 因为鱼的腹部还残留腹骨，所以用刀斜向片下薄薄一层。完成三片刀法。

⇧ 到此为止是处理沙丁鱼的基本程序，请大家一定要牢固掌握。

❺ 在鱼肉较厚的背部入刀切开，分成均匀的厚度。

❻ 注意最后不要切断，背侧可以打开即可。用同样的方法准备所有的沙丁鱼，并摆入大平盘中。

❼ 制作馅料。将所有馅料所需的食材放入盆中，混合均匀。将柠檬和橙子分别取一半挤出汁，剩下的待用。

⇧ 将硬度调整至可以团成团。

❽ 在沙丁鱼的两面抹上盐和胡椒粉。将鱼肉一侧向上，分别放上少量❼的馅料，从头部开始卷起来。

⇧ 注意两侧不要漏出馅料。

❾ 将剩余的柠檬和橙子的一半切成薄片，夹起月桂叶，塞在沙丁鱼的中间。最后将剩余的柠檬和橙子全部挤出汁，淋在鱼上。

❿ 在沙丁鱼的表面撒少量的砂糖。放入预热至200℃的烤箱中，烤至表面出现烤色、馅料中间变热，需6~7分钟。

⇧ 细砂糖可以增加甜味，而且可以做出漂亮的烤色。

腌沙丁鱼

Marinato d'Alici

如果得到新鲜的沙丁鱼，大家一定要试试这道菜，即直接使用生沙丁鱼的腌制方法。虽说是生的，但首先要用盐收紧鱼肉，再浸在酸味的腌汁中，所以不用担心油腻或腥味。可以将腌沙丁鱼直接作为前菜，也可以组合蔬菜做成沙拉，变化很丰富。沙丁鱼浸在油中可以保存 7~10 天。用便宜的价格买到新鲜的沙丁鱼时，可以一次性多做一些，随点随用。

食材　约 4 人份

沙丁鱼·······························8 条

腌汁 *

　白葡萄醋　··············· 500mL

　砂糖　······················· 60g

　月桂叶　···················· 1 片

　红辣椒（切成一半后去籽）··· 1 根

　蒜（压碎后剥皮）············· 1 瓣

盐　··························· 适量

特级初榨橄榄油·············· 适量

意大利芹菜（切大块）········ 适量

红辣椒（粉末）·············· 适量

* 加入迷迭香或鼠尾草等新鲜香草也可以。

制作方法

❶ 制作腌汁。将所有材料放入锅中加热，煮开即可。离火，常温冷却。

⇪ 将白葡萄醋的其中 100mL 换成白葡萄酒或者水的话，酸味就会温和很多。

❷ 在大平盘中撒一层盐，如图。

❸ 将沙丁鱼去头，用三片刀法片开，切掉腹骨（→参考 P70 沙丁鱼卷）。从沙丁鱼的肩部剥皮。

❹ 一边压住鱼身，一边拉鱼皮，就可以完整地剥下。按顺序码在❷的大平盘里。

❺ 码好后，在上面均匀地撒一层盐。常温腌制 30~40 分钟。

⇪ 撒盐可以腌出多余的水分，并且抑制腥味。一定要撒入大量的盐，使鱼肉收紧。

⇪ 室温高的话可以放入冰箱冷藏。

❻ 待❶的腌汁完全冷却后即可倒入盆中，没过去掉水分后的沙丁鱼。夏天腌制 40 分钟，冬天腌制 1 个小时。

❼ 然后将沙丁鱼浸入油中。首先，在大平盘中事先倒入少量的橄榄油。

⇪ 如果沙丁鱼没有完全浸入油中，与空气接触的部分就容易坏掉。所以，首先要在大平盘中倒入足量的油。

❽ 将沙丁鱼码在大平盘中。码好一层后，再从上面倒油，然后再码一层沙丁鱼。常温下放置一天就做好了。盛在盘子中，倒入特级初榨橄榄油，撒上意大利芹菜和红辣椒即可。

⇪ 保持沙丁鱼完全浸入油中的状态。

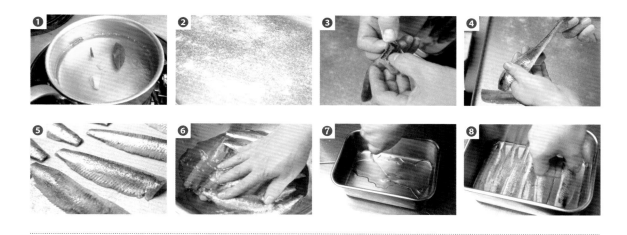

【变化】

腌沙丁鱼 + 蔬菜

食材

腌沙丁鱼	1½ 条
番茄	1/4 个
黄瓜	1/4 根
芹菜	1/6 根
胡萝卜	少量
盐、胡椒粉、柠檬汁、橄榄油	各适量
胡葱（切小段）	适量

制作方法

只需将腌沙丁鱼和蔬菜组合起来，就能做成简单的沙丁鱼沙拉。将腌沙丁鱼和番茄、黄瓜、芹菜、胡萝卜一起用盐、胡椒粉、柠檬汁、橄榄油拌匀。为了搭配沙丁鱼，推荐大家撒入切成小段的胡葱。

章鱼芹菜沙拉

Insalata di Polpo

非常适合夏季的清爽沙拉。经过事先慢慢炖煮的章鱼，口感格外柔软，搭配清脆爽口的芹菜，对比强烈。为了将章鱼煮至柔软，火候是关键。要用极小的火慢慢炖煮,绝不能让汤汁沸腾。煮好的章鱼如果浸泡在汤汁中，可以保存一周，所以一次性多煮一些用于各种料理的制作，也是十分方便的。

食材

章鱼 *	…………	1 只（700~800g）
沙拉油	……………………	500mL
蒜	……………………	4~5 瓣

香味蔬菜

洋葱	……………………	1 个
胡萝卜	……………………	1 根
芹菜	……………………	2 根
去皮整番茄罐头（和汁一起碾碎）		
	……………………	200mL
岩盐	……………………	1 小把
月桂	……………………	2 片
黑胡椒粒	……………………	少量

沙拉用食材 1 人份

处理好的章鱼脚	……	1 小根（80g）
芹菜（切小段）	…………	小 1/4 根
洋葱（切薄片）	…………	少量
黑橄榄（切大块）	…	2~3 块
意大利芹菜（切大块）	…………	1 根
柠檬汁	……………………	1/4 个
盐、胡椒粉	……………	各适量
特级初榨橄榄油	…………	少量

* 使用生章鱼。如果使用市销的水煮章鱼，就无须在热水中浸泡了（步骤❶）。

制作方法

❶ 因为章鱼的吸盘中可能残留沙子，所以要用刷子仔细刷干净。在沸腾了的水中浸泡一下。为了让表面形成霜降状态，要一只一只地浸泡，以免水的温度下降。

⇧ 烹饪生章鱼时，如果不让表面形成霜降状态，煮的时候皮容易脱落。

❷ 在大尺寸的铜锅中倒入色拉油，将适当切碎的蒜和洋葱、芹菜、胡萝卜等香味蔬菜倒入锅中翻炒。

❸ 充分炒出香味后，加入❶的章鱼。

⇧ 因为要将章鱼整个煮进去，所以要准备一口空间足够大的锅。

⇧ 章鱼如果切开煮，不但美味容易丢失，与汤汁接触的断面也会变硬。

❹ 加入去皮整番茄罐头和水，再放入岩盐、月桂、黑胡椒粒。

⇧ 水的量要完全没过章鱼。

❺ 一冒泡就马上转小火，保持像图中一样表面不动的安静状态（85℃~90℃）煮制。

⇧ 为了将章鱼煮至柔软，火候是关键。

⇧ 表面形成的油膜起到了小锅盖的作用。

❻ 慢慢地煮 30~40 分钟，煮至用竹扦可以轻松扎透的软度即可。浸泡在汤汁中冷却。

⇧ 若想长期保存，自然冷却是不够的，最好将锅一起浸泡在冰水中，使之迅速降温。

❼ 制作沙拉。将冷却好的章鱼切成适当大小的块。

❽ 用手压碎橄榄，将中间的核去除，切大块。

❾ 将所有的食材放入盆中，先用盐、胡椒粉码底味，充分混合均匀。

⇧ 如在加入盐和胡椒粉之前加入橄榄油，则盐不易溶解。

❿ 挤入柠檬汁充分搅拌，再淋入柠檬汁 2~3 倍量的特级初榨橄榄油充分混合均匀。充分冷却后盛入盘中。

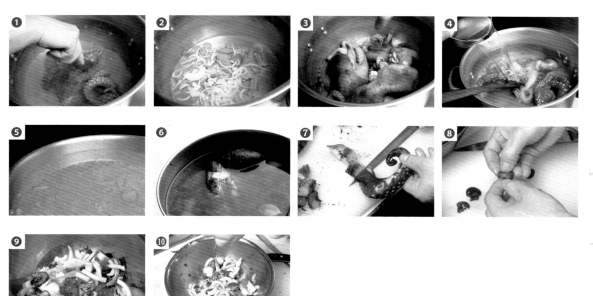

鱼
贝

烤乌贼和时令蔬菜

Calamari e Verdure alla Griglia

将乌贼和蔬菜烤一下，然后淋上橄榄油和香醋即可。实际上，这是一道用最简单的烹调方法品味食材原汁原味的前菜。不要使用像金乌贼一样肉厚的种类，长枪乌贼等品种更适合烤制，可以选择长枪乌贼、剑尖长枪乌贼、太平洋斯氏柔鱼等应季的乌贼。无论哪种乌贼，都要保证新鲜的品质。烹饪重点则是轻微加热，只需颜色稍稍变白即可。火力的调节是决定乌贼味道的关键。

食材　1 人份

乌贼 *	1 小只
茄子	1/2 个
西葫芦	1/4 根
红彩椒 **	少量
盐、胡椒粉、橄榄油	各适量
特级初榨橄榄油	适量
香醋	适量
细叶芹	少量

* 选择新鲜的乌贼。

** 食材也可以选择其他种类。准备几种芦笋、圆白菜、口蘑、南瓜等应季蔬菜即可。

制作方法

❶ 拆解乌贼。因为触脚的根部在乌贼体中鳍的一侧，所以将手指伸入身体，拉住脚和内脏一起拔出。

❷ 在乌贼的身体中还有一个塑料状的软骨，用手指将其拔出。

❸ 处理身体。用手指摩擦，即可揭开表皮，在斑点的表皮下面，还有一层白色的薄皮，需一起去除。将身体从中间切开，打开水洗。去除乌贼鳍，剥皮。

⇧ 如果皮剥不下来，在流水下一边冲洗一边剥会比较容易。

❹ 处理头和触脚。在眼睛下面有一块嘴状的肉，将它拔掉。在它下面连接着一块三角形的肉，拔掉凸起部分。这些东西都不能食用，丢掉即可。

❺ 切掉眼睛上方连接的内脏。将触脚打开，反向拿在手里，在正中间用力压一下，硬口就会脱落，将其去除。

❻ 在盆中备水，放入❺的触脚。在水中将眼睛从根部压碎，充分洗净。

⇧ 避免因为墨汁飞溅而弄脏四周。

❼ 拆解好的乌贼。能食用的部分要物尽其用。将身体切分成易于食用的大小，并在表面切几条花刀。触脚的根部切开展平。

⇧ 在身体上切上花刀，加热的时候就不会卷起来了。

❽ 将蔬菜纵向切成易于食用的大小。撒入盐、胡椒粉、橄榄油，将蔬菜放在烤热的烤盘上。出现烤痕后，将蔬菜翻面，再次烤制。将食材烤熟。

⇧ 如果没有烤盘，可以使用烤网。

❾ 蔬菜烤好后，在乌贼上撒盐、胡椒粉，将乌贼放在烤盘上。乌贼受热会立刻收缩，所以要马上翻面再烤一下。注意不要烤过火。

⇧ 注意烹调的时机，可以在蔬菜八成熟时开始拆解乌贼。

❿ 盛在盘中，淋入特级初榨橄榄油和香醋，用细叶芹装饰。

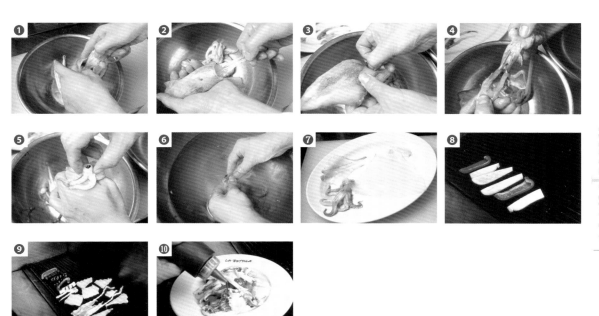

鱼贝

白葡萄酒蒸贻贝

Cozze alla Marinara

贻贝全年都可以买到，但是 5~6 月的贻贝个大肉厚，最为鲜美。而这个时间段恰巧是蛤仔过季的时候，可以用贻贝制作意面、汤、炖煮等各种菜肴，使用范围很广。说到贻贝的基础料理，首先想到的便是白葡萄酒蒸贻贝。蓬松饱满的贻贝肉美味可口，喝一口贝壳中的汤汁更是醍醐灌顶般鲜美。为了留住浓缩的美味，将贻贝加热后，多余的水分完全蒸发，混入香味浓郁的特级初榨橄榄油，就做出了黏稠的乳化沙司。

食材　1 人份

贻贝	10~14 个
橄榄油	30mL
蒜	1 瓣
红辣椒	1/2 根
意大利芹菜（切碎）	少量
白葡萄酒	50mL
特级初榨橄榄油	30mL

制作方法

❶ 处理贻贝。如果贝壳上有黑带状的东西，将其拉住后拔掉即可。在流水下将两个贝壳一起揉搓，洗净表面的污垢。

⇧ 如果长时间搓洗，贝壳的美味就会流失，所以动作一定要快。

❷ 将蒜碾碎剥皮，在煎锅中倒入橄榄油，用小火加热蒜。蒜的香味和美味充分调出后关火。加入掰成 2~3 瓣的红辣椒（去籽）、意大利芹菜。

❸ 转大火，放入处理好的贻贝。

❹ 加入白葡萄酒，加盖加热。

⇧ 加盖是为了火不会进入煎锅。如果火进入煎锅，白葡萄酒中的酒精和油都会燃烧，出现独特的焦味。

❺ 加热一会儿后贝壳会打开，掀开盖子继续加热。加热贻贝的同时，煮汁的水分也慢慢蒸发。所有的贝壳张开后，只将贻贝取出。

⇧ 注意不要过度加热贻贝肉。根据情况可以用叉子戳一戳，贝壳就容易打开了，不要为了个别没有打开的贝壳而不断加热。

❻ 制作煮汁。因为会从贻贝中析出盐分，所以先确认一下味道。如果盐味重，则倒掉一点点煮汁，加入水调整浓度。加入特级初榨橄榄油。

❼ 小火加热，来回转动煎锅，充分混合。

⇧ 充分混合新加入的特级初榨橄榄油和煮汁，制作成黏稠的乳化沙司。

❽ 煮汁变白，有浓度的黏稠沙司就做好了。

❾ 将沙司淋在盛好的贻贝上。最后撒入意大利芹菜。

鱼贝冷汤

Gazpacho di Pesce

这是一道番茄风味浓郁、用料丰富的冷沙拉。因为清爽的味道十分适口，并且刺激食欲，特别适合作夏天或暑热难退时的前菜。鱼贝选用的是对虾和虾夷盘扇贝。为了不让食材因过分加热而肉质变紧，并且可以充分保留美味，短时间快速加热即可。另外，做好后稍稍放入冰箱中冷藏一下会更加入味。不过需要注意，长时间冰镇会使蔬菜的水分流失，口感变差。

食材　2~3 人份

对虾⋯⋯⋯⋯⋯⋯⋯⋯⋯⋯6 只
虾夷盘扇贝⋯⋯⋯⋯⋯⋯⋯⋯6 个
香味蔬菜*、柠檬汁、白葡萄酒
⋯⋯⋯⋯⋯⋯⋯⋯⋯　各适量
洋葱**⋯⋯⋯⋯⋯⋯⋯⋯ 1/4 个
黄瓜（切小块）⋯⋯⋯⋯⋯ 3/4 根
番茄（切 1cm 块）⋯⋯⋯⋯ 1½ 个
芹菜（切大块）⋯⋯⋯⋯⋯ 1/2 根
红彩椒（切大块）⋯⋯⋯⋯ 1/4 个
土豆（切 1cm 块）***⋯⋯⋯⋯1 个
去皮整番茄罐头（和汤汁一起过滤）
⋯⋯⋯⋯⋯⋯⋯⋯⋯⋯ 400mL
特级初榨橄榄油⋯⋯⋯⋯⋯ 100mL
葡萄醋（白或红）⋯⋯⋯ 约 300mL
朝天椒⋯⋯⋯⋯⋯⋯⋯⋯　适量
盐、胡椒粉⋯⋯⋯⋯⋯⋯　各适量
意大利芹菜（切大块）⋯⋯⋯　少量

* 洋葱、芹菜、香芹的茎等均可。充分露出切面。
** 本来用的是蒜，但因为会搅乱整体味道，所以换用洋葱。
*** 土豆带皮整个煮熟后，冷却切块。

制作方法

❶ 处理对虾。将虾的背部向上，在头部向后数第三节的虾壳连接处横向插入牙签。挑起沙线后用拇指压住，稍稍向外拉。

❷ 继续将沙线向外拉至完全取出。将虾夷盘扇贝从壳中取出，去掉四周的肠和带子，只留贝柱备用。

❸ 在锅中煮开水，加入少量的洋葱、芹菜薄片、柠檬汁、白葡萄酒。再次煮开后关火，放入对虾。

⇧ 加入香味蔬菜和白葡萄酒可以增加风味。

⇧ 因为对虾的肉质会收紧变硬，所以关火后用开水的余温一边搅动一边加热。

❹ 虾壳的颜色变红后马上捞出，为了去掉余热，将虾浸入冰水中。虾夷盘扇贝也用相同方法加热后放入冰水中。表面颜色变白后马上捞出，中间是半生的状态即可。

❺ 番茄烫去表皮，去籽，切成 1cm 宽的小块。煮熟的土豆去皮，切成与番茄相同大小的块。为了让洋葱充分散发香味，不用刀切，用手掰碎。

❻ 黄瓜切成小块。芹菜用刀拍断纤维，散发出香气后切成大块。红彩椒切成与芹菜相同大小的块。

❼ 将所有的蔬菜放入盆中，多撒一些盐，充分混合均匀。再加入过滤的去皮整番茄罐头充分搅拌。

❽ 加特级初榨橄榄油，充分混合搅拌至全部变黏稠。

⇧ 充分混合至水和油变成白色，并乳化至酱状。

❾ 加入葡萄醋、朝天椒、提香的胡椒粉，搅拌均匀。一边确认味道一边调节分量。

⇧ 将盆浸在冰水中，一边冰镇一边制作。

❿ 最后加入沥干水分的❹的虾夷盘扇贝（对半切开）、对虾、意大利芹菜。放入冰箱中冷藏一会，使之入味。上菜时再次充分混合搅拌后盛出。

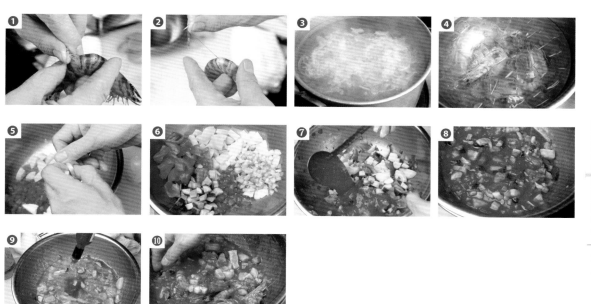

鱼酱浇汁鸡肉凉菜

Pollo Tonnato

用油渍金枪鱼罐头制作沙司，浇在煮熟的肉上制作而成的前菜。暑热时节推荐这道菜。可以事先准备，提高上菜速度。在意大利，一般料理中会使用煮熟的小牛肉，也可以放入其他清爽型的肉，比如，这里使用的鸡胸肉。沙司的味道是这道菜在重点，特色全在最开始洋葱的炒法中。为了不烧焦，要不断用木铲一边混合一边慢慢炒制，让美味慢慢释放出来最重要。

食材　6 人份

鸡胸肉 * ····························· 1kg
水、盐、香味蔬菜** ········ 各适量

金枪鱼沙司

洋葱（切大块）············· 1/2 个
橄榄油（或色拉油）········ 50mL
刺山柑 ···························· 30g
白葡萄酒 ······················ 300mL
海蜒 ·······························3 片
金枪鱼罐头 ······ 1 罐（225g）
蛋黄酱 ························· 150mL
生奶油 ···························· 少量
盐、胡椒粉 ··············· 各适量
水萝卜、刺山柑············ 各适量

* 除鸡胸肉外，小牛肉、猪里脊肉、火鸡肉等也很合适。
** 香味蔬菜要充分暴露切面或碎屑。可以利用胡萝卜根部或洋葱皮等。

制作方法

❶ 撕去鸡胸肉的表皮。

❷ 在锅中煮开水，加入盐和香味蔬菜。加入鸡胸肉，用小火煮5分钟。盖上盖子，关火，用余温加热。

⇧ 用煮汁的余温为鸡肉慢慢加热，这样可以防止鸡肉发干。

⇧ 也可以将鸡肉放入沸水中，关火，用余温加热。

❸ 制作金枪鱼沙司。用橄榄油炒洋葱。注意要用小火，不要让洋葱变色。洋葱变软后加入刺山柑继续翻炒。

⇧ 用小火加热，不断用木铲混合搅拌，水分蒸发后会浓缩洋葱的甘甜。

❹ 加入海蜒，混合搅拌后加入金枪鱼。加入少许罐头中的汤汁。

❺ 用木铲将金枪鱼捣碎，加入白葡萄酒。白葡萄酒加至没过全部金枪鱼即可。用小火煮浓。

❻ 如图所示，煮汁还剩一点点时就做好了。

❼ 用搅拌机搅拌至酱状。混合蛋黄酱，用生奶油、盐、胡椒粉调味，放凉。将❷的鸡胸肉切成薄片，码在盘子里。浇上沙司，放上装饰用的水萝卜薄片、刺山柑。

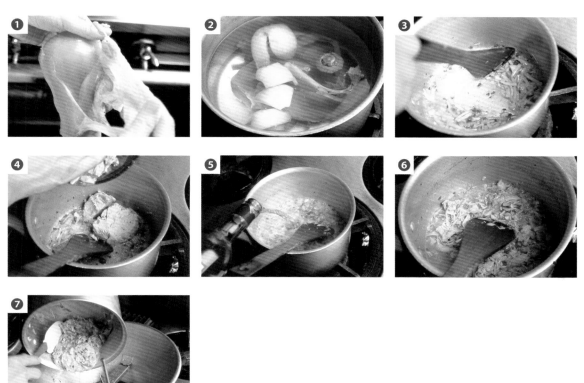

antipasto

肉

鸡肉猪肉法式冻

Terrina di Pollo e Maiale

法式冻是在生肉中混合各种调料，然后填入模具，用烤箱烤制的料理。因为可以事先做好，短时间内上菜，所以十分适合用作前菜。只不过烧烤时间很长，对火候的判断和味道的调节也很有难度。因此，这里讲解一个简单的制作方法，将肉加热后搅成酱状，然后填入模具中即可。对烹调用具的要求也降低到最低限度，只要煎锅和食物料理机即可，最后在冰箱中冷藏定型就完成了，十分简单。

食材　模具1个量

鸡腿肉[*]·········· 4片（1.3kg左右）

鸡肝································· 260g

猪里脊肉····························· 260g

鼠尾草·································1枝

盐、胡椒粉、高筋面粉、色拉油

·································· 各适量

白葡萄酒、白兰地·········· 各适量

生奶油···························· 200mL

无盐黄油···························· 100g

高筋面粉························· 各适量

松露油····························· 适量

配菜（沙拉、水萝卜、胡萝卜、
　酸黄瓜）、芥子粒、粗磨胡椒粒、
　特级初榨橄榄油········· 各适量

[*] 不使用鸡胸肉，而是使用美味香浓的鸡腿肉。如果介意油脂和皮，可以去掉一些。

制作方法

❶ 将鸡肝切开，去掉内侧残留的血管和血块。撒入盐、胡椒粉，涂满高筋面粉。

⇧ 如果残留血水会发苦。

⇧ 周围涂抹的高筋面粉起到法式冻原料黏合剂的作用。

❷ 在煎锅中倒入 30mL 色拉油，加热，放入鸡肝。加入鼠尾草，爆香后烤鸡肝。完全熟透后，稍稍洒一些白兰地。用大火煮至酒精成分挥发。

❸ 另起煎锅倒入 30mL 色拉油，加热。将撒上盐、胡椒粉的鸡腿肉，从皮一侧开始烤制。稍稍上色后翻面，将多余的油扔掉，放入预热至 180℃的烤箱中烤熟。取出后洒入少量白兰地，用大火煮去酒精成分。

⇧ 需要注意的是，如果烤色过浓，会影响完成后法式冻的美观。

⇧ 在煎锅中只烤出肉的表面颜色，加热是由烤箱完成的。

❹ 在猪里脊肉上撒上盐、胡椒粉，粘满高筋面粉，和❸的鸡肉一样，用煎锅烤出烤色后，放入预热至 180℃的烤箱中加热，熟透后注入 40mL 白葡萄酒，用大火煮去水分。

⇧ 猪肉不要烤色过浓，在煎锅中只烤出表面颜色，加热是由烤箱完成的。

❺ 取出❷的鸡肝、❸的鸡腿肉、❹的猪里脊肉，放凉。混合剩余的煮汁，加热，煮浓。

⇧ 肉的烤汁是美味的源头。如果不充分煮浓、让水分完全蒸发出去，做出来的法式冻也不会醇厚。

❻ 将❺改小火，加入生奶油。煮开后，将切成小块的 60g 黄油粘上高筋面粉后加入锅中，用橡胶铲搅拌，直至黄油溶解、汤汁黏稠。移入盆中，放在冰水中冷却。

❼ 将放凉的鸡腿肉和猪里脊肉分别切成小块，一点一点放入食物料理机中打碎，每次加入少量的❻，将肉全部打碎，移入盆中。

⇧ 不要完全打烂，要留有少量肉粒。

❽ 将鸡肝放入食物料理机中，将剩余的 40g 黄油一点一点加入，最后打成酱状。放入❼的盆中，用橡胶铲混合均匀。加入盐、胡椒粉调味，加入松露油增加风味，混合均匀。

⇧ 因为是冷制的前菜，盐要稍稍多放一些。

❾ 在模具中铺入保鲜膜，一点一点填入原料。不时磕一磕模具，使中间的空气跑出。填至边缘，使表面平整。

⇧ 如果进入空气则容易腐烂变质。

❿ 将保鲜膜折叠包裹住原料，上面覆盖厚纸（大小符合模具内径），轻轻施重，在冰箱中冷藏一晚定型。上菜时进行切分，然后加入配菜和芥子粒，撒入粗磨胡椒粒，淋入少量特级初榨橄榄油即可。

生牛肉切片

CarpamLio di Manzo

这道菜诞生于意大利威尼斯。因为生牛肉的颜色与画家 Vittore CarpamLio（维托雷·卡尔帕乔）作品的特征颜色红色十分接近，所以在意大利语中，生牛肉切片叫做 CarpamLio。原型是将生牛肉切成薄片码在平盘中，但现在也将肉或鱼贝类的薄切片以沙拉风味食用的料理叫做 CarpamLio。在日本，生牛肉切片也十分受欢迎，因为食材是生着上菜的，所以夏季时一定要注意食材质量。这里介绍生牛肉和意大利芝麻菜、切薄片的帕尔玛干酪的基础组合。意大利芝麻菜和奶酪都是个性很强的食材，最好的是调节分量以搭配平衡。

食材　1 人份

牛臀肉 *	60g
意大利芝麻菜 **	2 棵
帕尔玛干酪	适量
特级初榨橄榄油	1½ 大勺
柠檬	1/4 个
盐、胡椒粉	各适量

* 牛肉如果使用菲力部分会很高级，但从价格方面考虑，推荐使用牛臀肉。牛臀肉是臀部的腰骨周围部分，经过适度地霜降，十分柔软。
请使用符合生食肉的加工标准的牛肉。
** 意大利芝麻菜使用叫做 "Rucola Selvatico" 的野生品种。与普通芝麻菜相比，有独特的苦味，风味独特。

制作方法

❶ 将牛臀肉从大块上切下一条。如果直接切成薄片，每片会过大，不易食用，所以首先顺着纤维，切下 3~4cm 的一条。

❷ 从一端开始切 1~2mm 的薄片。

⇧ 这样可以切断肉的纤维，易于食用。

❸ 在冰镇的盘子上码入牛肉薄片。将盘子内全部覆盖上生牛肉切片。

❹ 从上方撒匀盐和胡椒粉。

⇧ 不要撒在一处，要均匀撒满。

❺ 将意大利芝麻菜切成 4~5cm 的长度，撒在肉上。因为野生芝麻菜的茎很硬，所以只使用叶子部分。

⇧ 意大利芝麻菜是味道很强的蔬菜。如果分量过多，就会削弱肉的味道，一定要考虑味道的平衡。

❻ 将帕尔玛干酪切成薄片，比肉片略小即可。为了能将 1 片干酪放在 1 片牛肉上食用，准备的时候要注意干酪的数量。均匀放在意大利芝麻菜上。

⇧ 因为干酪味道浓厚，所以要切得很薄。

❼ 淋入特级初榨橄榄油。

❽ 特级初榨橄榄油要以覆盖在帕尔玛干酪上的形式淋入。放上 1 瓣柠檬即可上菜。

⇧ 不要过多淋入特级初榨橄榄油，以免油腻。

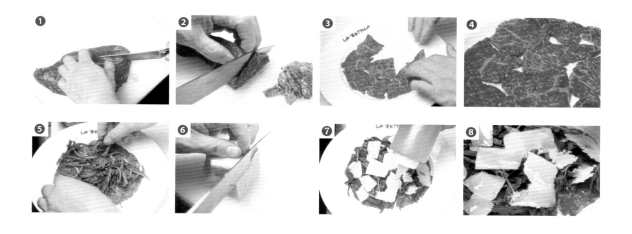

【专栏】

这样上菜

因为料理很简单，上菜时将一部分制作过程展现在食客面前也是一种创意，往往可以得到很好的展示效果。推荐将调味汁事先做好，在食客面前淋入菜品的方式。

首先，在盘子中盛入牛肉（无盐和胡椒粉）、意大利芝麻菜、奶酪，和调味料一起端给客人。

在客人面前制作调味汁，淋在生牛肉切片后上菜。

antipasto

肉

温热煎蛋饼

Frittata Calda

Frittata 就是意大利的玉子烧。一般是做一张稍大的蛋饼，切分后上菜，这里介绍的是 1 人份的趁热上菜的做法。在意大利，传统的 Frittata 被认为是养胃的料理。没有食欲或想简单解决主菜时推荐这道温热煎蛋饼作为基础料理。温热煎蛋饼可以用作前菜，也可以用作主菜，不论什么时候，只要快速煎熟，就可以趁热上菜。

食材　1 人份

鸡蛋	2 个
洋葱（切薄片）	1/8 个
罗勒叶 *	3~4 片
番茄沙司（→ P27）	1 大勺
帕尔玛干酪	约 10g
橄榄油	适量
番茄沙司、罗勒叶	各适量

* 也可以使用口蘑、西葫芦、红彩椒代替罗勒叶，要切得很薄，和最开始的洋葱一起翻炒。

制作方法

❶ 在煎锅中倒入橄榄油，用中火炒洋葱。

⇧ 因为要在这个煎锅中煎鸡蛋，所以要使用适合 1 人份的小锅。

❷ 同时准备蛋液。在盆中打入鸡蛋，加入掰碎的罗勒叶和帕尔玛干酪。

⇧ 比起用刀切，用手撕的罗勒叶更香。

❸ 加入凉的番茄沙司，混合均匀。

❹ 待❶的洋葱炒透明后，加入一些橄榄油。

⇧ 鸡蛋极易吸油，如果油少了可能粘锅。并且，油也是一种调味品，让鸡蛋中含有油，可以将鸡蛋煎得很蓬松。

❺ 油热后（冒烟前），将❸的蛋液一次倒入煎锅中。

❻ 马上用橡胶铲将鸡蛋搅拌均匀。加热至半熟状态。

❼ 让鸡蛋保持均等厚度。调整成圆形。再稍稍加热，做出烤色。

⇧ 用橡胶铲从鸡蛋的一端掀起，背面有轻微烤色即可。

❽ 在下面插入橡胶铲，将煎锅前后晃动，利用反作用力，完整地将鸡蛋翻面。

⇧ 翻至背面前，可以沿着锅边倒入少量的油，鸡蛋就能顺滑地翻过来了。

❾ 两面都煎出漂亮的颜色后就可以盛入盘中。淋上温热的番茄沙司，装饰罗勒叶。

⇧ 在意大利，一般都会煎出烤色，也可以按照喜好做成半熟的状态。

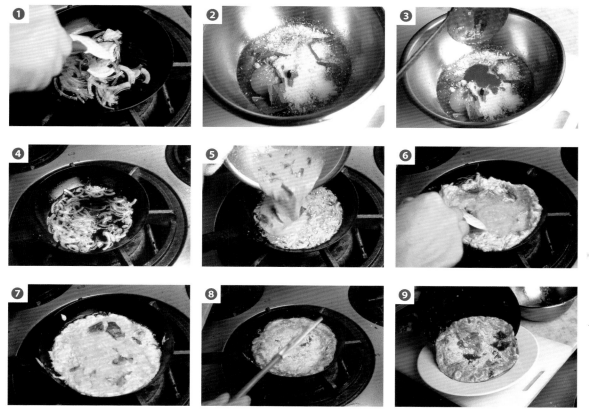

antipasto

鸡蛋

松露风味番茄芦笋煎蛋

Uova in Tegamino con Mozzarella

番茄和芦笋，鸡蛋和奶酪，味道、色彩都相得益彰，组合在一起可作为温热前菜。这几种食材本来给人以朴素的印象，但加上与鸡蛋十分搭配的松露就使它变得很奢侈。松露，使用的是将香味转移到油中的松露油。松露油可以用在各种料理中，平时可以准备一瓶，用起来很方便。另外，用耐热器皿制作烧烤料理时，要先在炉火上加热后再放入烤箱，这是快速制作料理的秘诀。

食材　1人份

鸡蛋··································	2 个
橄榄油······························	10mL
番茄沙司（→ P27）·········	30mL
盐··································	1 小撮
马苏里拉奶酪····················	40g
芦笋 * ····························	1 根
帕尔玛干酪······················	15g
松露油（市售）** ·············	少量

* 带着下部的硬皮用盐水煮熟备用。
** 松露油是浸泡白松露从而获得香味的制品。新鲜的松露价格颇高且不方便使用，但松露油更容易使用。可用于为意面或料理增香。

90

制作方法

❶ 在耐热器皿中注入橄榄油，在上面薄薄地涂一层番茄酱。

❷ 将马苏里拉奶酪用手掰成小块。

❸ 将鸡蛋均匀打入容器，使鸡蛋均匀分布在容器中。

❹ 将煮熟的芦笋分成 4 份，放在鸡蛋上，将鸡蛋分开。撒入少量盐。

⇧ 因为之后撒入的帕尔玛干酪也有盐分，所以这时少放一些盐。

❺ 从上面均匀撒入帕尔玛干酪。

❻ 放入烤箱前，将容器在炉火上加热。

⇧ 如果直接放入烤箱，加热至容器变温需要很长时间。如果事先在炉火上加热，容器和食材都是温热的，能极大地缩短烤制的时间。

❼ 鸡蛋周围"扑哧扑哧"冒泡时（如图所示），就可以将容器移入预热至 180℃的烤箱中。

❽ 透明的蛋白表面变白即可取出。

⇧ 虽然烤制的火候可以按照喜好自由控制，但蛋黄在半熟状态时最美味。而且考虑还有余热，所以不宜过度加热。

❾ 将耐热器皿放入盘中，淋入松露油。马上上菜。

⇧ 为了不让耐热器皿在盘子中移动，可以在盘子上铺一片纸巾，收拾时也更加方便。

马苏里拉奶酪三明治

Mozzarella in Carrozza

在夹入马苏里拉奶酪烤制的面包表面淋上热热的温酱沙司，就是这道香味四溢的甜品风味前菜。如果不用温酱沙司，也可以淋上用熔化的黄油加热的海蜒。中间夹入的马苏里拉奶酪可以做成沙拉，也可以放在比萨上烤制，在意大利料理中用途极广。马苏里拉奶酪原本应该用水牛奶（mozzarella di bufala）制作，但价格很高，牛奶的价格便宜一些。

食材　1人份

面包（厚8mm）·············	4片
鸡蛋··········	适量
无盐黄油·············	10g
色拉油···········	10mL
马苏里拉奶酪·············	80g
温酱沙司（→P32）·········	1大勺

制作方法

❶ 将鸡蛋打散，面包浸入蛋液中。

❷ 在煎锅中加入黄油和色拉油，加热，放入4片面包。在2片面包上放上掰碎的马苏里拉奶酪，在170℃的烤箱中烤制约2分钟。待奶酪熔化，面包的下侧出现了漂亮的烤色，将另外2片面包放在上面，夹入奶酪。

❸ 盛入盘中，加热温酱，淋在面包上。

第三章

头盘

"primo piatto" 在意大利语中是第一盘的意思，接续在前菜后面的意面或汤等料理。头盘以长意面、短意面、汤团、带馅意面、烩饭、汤等基础料理为中心。意面的口感和味道时刻都在发生变化。将煮至筋道的意面，放在浓缩了美味的黏稠沙司中恰到好处地翻炒，然后迅速奉献给食客吧。

primo piatto

贝柱蔬菜蒜香辣椒直意面

Spaghetti Aglio Olio e Peperoncino con Capesantine

"蒜香辣椒直意面"可谓是直意面料理基础中的基础。这是用简单的食材和工序就能做好的意面，已经掌握了的读者也请再复习一次吧。随时调节火力和煮面的火候等，很多重要的细节可能会被意外忽略。蒜、橄榄油等食材基本都是用小火加热，这是最基本的常识。在这个基础的意面中加入各种配料，可以有各种各样的变化。这里加入了有独特口感的贝柱，并用番茄和菠菜增加色彩。

食材　1 人份

蒜	2 瓣
橄榄油	30mL
红辣椒	1 根
意大利芹菜（切大块）	1 小撮
番茄（小个，切小块）	1/2 个
菠菜（焯熟）	适量
贝柱 *	60g
直意面	80g
特级初榨橄榄油（出锅用）	30mL
盐	适量

* 使用制作寿司、天妇罗用的贝柱。用最便宜的小粒即可。

LA BETTOLA

94

制作方法

❶ 蒜带皮用刀碾碎。

⇡ 带皮碾碎，皮很容易剥去。

⇡ 蒜可以切碎，也可以切成薄片，但最重要的目的是让蒜的香味尽可能地发散。碾碎可以让蒜香从食材中发散出来。

❷ 在煎锅中放入蒜和橄榄油。倾斜煎锅，让油没过蒜。先用大火加热，有气泡跑出后改用小火。

⇡ 如果不让锅和油从凉的状态开始加热，蒜很容易烧焦。

❸ 蒜稍稍上色后翻面，再用小火慢慢炸出香味，需 6~7 分钟。

⇡ 重点是将蒜浸在油里，用小火加热。用大火的话，蒜的中心还没有加热，外表却已经焦了，会在油里留下苦味。

❹ 蒜的中心也热了，用竹扦可以轻松扎透即可。这期间可以用加了盐的水开始煮直意面。

⇡ 从上菜的时间反向推算，应该开始煮面了。这个时机对于简单的直意面来说十分重要。

⇡ 水中的盐分大约为 1.5%。如果盐加少了，意面就没有味道了。

❺ 将❹的煎锅关火，加入切成两半并去籽的红辣椒、意大利芹菜、煮意面的汤（1 汤勺）。

⇡ 蒜、红辣椒、意大利芹菜很容易烧焦，所以要关火后再加入。

❻ 来回晃动煎锅，使汤汁乳化成白色沙司状。到这里便完成了基本的沙司制作。

⇡ 让水和油充分混合均匀。用极小火加热即可。

❼ 长意面出锅前 1 分钟，在沙司中加入切成小块的番茄、焯熟的菠菜、撒一点点盐（另用）的贝柱。用小火翻炒几次，混合均匀。

⇡ 为了不让贝柱和番茄过度受热。与沙司混合均匀即可。

❽ 将煮好的直意面全部倒入锅中。用小火加热，翻炒几次混合均匀即可。

⇡ 将两者混合均匀就可以了，这里动作要迅速。如果听见"吱啦吱啦"的声音就已经过火了。

❾ 如果想让味道更加浓郁，可以在剩下的沙司中加入少量的特级初榨橄榄油，混合均匀后淋入面中。无需加热。

⇡ 这是品尝新鲜的橄榄油风味的技巧。只不过需要注意的是，如果橄榄油多了就会变油腻。

长意面

95

初春卷心菜油菜花直意面

Spaghetti con Cavolo e BromLoletti

使用初春上市的柔软卷心菜和油菜制作的直意面。调味上，使用了与蔬菜蘸温酱相同的沙司——海蜒和蒜的沙司。温酱沙司保存方便，可以多做一些备用。除了这个直意面之外，温酱沙司还可用于肉、鱼的料理，应用很广。另外，蔬菜在煮直意面的水中一起焯熟，节省了不少时间。这是一道快速餐单上值得推荐的意面。

食材　1人份

卷心菜⋯⋯⋯⋯⋯⋯⋯⋯	3~4 人份
油菜花⋯⋯⋯⋯⋯⋯⋯⋯	4~5 人份
温酱沙司（→P32）⋯⋯⋯	2 大勺
红辣椒⋯⋯⋯⋯⋯⋯⋯⋯	1 根
直意面⋯⋯⋯⋯⋯⋯⋯⋯	80g
特级初榨橄榄油（出锅用）⋯	20mL

制作方法

❶ 选择较轻的春季卷心菜。将其切成两半。

⇧ 与冬季卷心菜不同，叶子的卷曲越少越甜。

❷ 从顶端开始切成 1.5cm 的段。

❸ 中心硬的部分去掉不用。

❹ 将红辣椒掰成两半，去掉种子。

⇧ 这是使用辣椒时的基本操作。种子十分辛辣，口感不好，所以即使是使用整根辣椒，也要事先将籽去掉。

❺ 在煎锅中加入温酱沙司和辣椒，加入半汤勺煮直意面的汤，混合均匀并加热。

⇧ 可以按照喜好调节辣椒的量。

❻ 加热至"咕嘟咕嘟"冒泡时，红辣椒的辣味已经全部释放出来了。加入适量的煮直意面的汤或凉水调节浓度。

⇧ 如果只加煮直意面的汤，沙司的盐分有可能过强。一定要在确认味道之后做出判断。

❼ 在直意面煮好的前 1 ~ 2 分钟，将油菜花与卷心菜一起放入煮意面的锅中煮制。

⇧ 为了不让蔬菜煮得过软，要在计算时间后开始煮。

❽ 将直意面和蔬菜控干水分，放入❻的沙司中。

❾ 关火（或极小火状态），将所有食材与沙司混合均匀。最后淋入特级初榨橄榄油，混合均匀。

蛤仔直意面

Spaghetti alle Vongole

在日本，几乎全年都可以买到蛤仔，但最美味的时候是初春到初夏。肉质柔嫩多汁，饱含浓缩了美味的汤汁。每到这个时候，我最想做的就是简单的蛤仔长意面。重点就是将煮汁充分煮浓。煮汁中含有大量的油和蛤仔的美味汤汁，如果不充分煮浓，清清淡淡的汤无法均匀地裹在直意面上。大量制作时，可以先将蛤仔一起处理至步骤❺，将蛤仔的汤汁另存备用。客人点餐时，取 1 人份的汤汁煮浓，取回蛤仔，用相同的方法制作。

食材　1 人份

蒜	1 瓣
橄榄油	30mL
红辣椒	1 根
意大利芹菜（切大块）	3 根
蛤仔（带壳）*	250g
白葡萄酒	30~40mL
直意面	80g
特级初榨橄榄油（出锅用）	20mL

* 如果蛤仔太小会显得分量不足，太大肉质会硬，所以要选择中等大小。需在盐水中浸泡一夜，使其吐出沙子。

制作方法

❶ 将碾碎去皮的蒜和橄榄油一起倒入锅中，大火加热。油热后转小火，以免烧焦，加热至蒜的中心变软。

⇧ 慢慢加热至用竹扦轻松扎透蒜。

❷ 关火后，将一半捏碎去籽的辣椒和一半意大利芹菜加入锅中。

⇧ 因为容易烧焦，所以一定要关火。

❸ 马上加入蛤仔，开大火，淋入白葡萄酒。

⇧ 4月中旬的蛤仔是最肥美的，蛤仔自身含有丰富的美味，白葡萄酒可以少放一些。

❹ 加盖，加热1~2分钟，直到贝壳打开。

⇧ 为防止火点燃白酒，一定要加盖。只要能盖住煎锅，任何东西都可以。图中用了制作派的烤盘。

❺ 一半的贝壳打开后就可以掀掉盖子了。一直煮到水分蒸发，使蛤仔肉直接加热。

⇧ 尝一下煮汁的味道，如果过咸就倒掉一部分煮汁，加水调节。

❻ 待蛤仔的贝壳全部打开后，水分、油、蛤仔的美味就全部混合在一起了。

⇧ 如果过度加热，蛤仔的肉质会变硬。贝壳打开时就可以将蛤仔全部取出，待煮汁煮浓后，再将蛤仔倒回来即可。

❼ 加入出锅用的特级初榨橄榄油，晃动煎锅混合均匀。

⇧ 最后加入没有加热过的生橄榄油的新鲜味道。

❽ 让多余的水分蒸发，油和水充分乳化，形成乳白色的状态。到此，煮至黏稠的美味蛤仔沙司就做好了。

⇧ 注意不要给蛤仔肉过度加热。

❾ 加入煮好的直意面混合均匀。盛入盘中，撒上剩余的意大利芹菜。

⇧ 混合时需关火，或改用极小火。

⇧ 如果制作多人份，则每盘中的蛤仔数量要平均分配。

西西里风味菜花海蜒直意面

Spaghetti alle Cavolfiore

乍一看不知道是什么，但是一吃，满口都是菜花的香味。这是一道朴素的西西里家庭料理，上面撒的是煎成焦黄色的面包屑。在南意大利经常这么使用面包屑，感觉上和奶酪相同。沙司是将菜花煮至软烂后捣成大粒，再用洋葱和海蜒提味而成的。洋葱炒出的香味是这道意面味道好坏的重点，这里需要注意的是不要将洋葱炒得过焦。另外，菜花的煮汁也风味十足，所以可以充分利用。

食材　1人份

沙司（5~8人份）

菜花 ……………………	1个
橄榄油 ……………………	100mL
洋葱（切碎）* ……………	1/4个
海蜒 ……… 1/2罐（20~25g）	
去皮整番茄罐头 …………	50mL
高筋面粉 ** …………………	适量
盐、胡椒粉 ………………	各适量
直意面 ……………………	80g
面包屑 ……………………	适量

* 洋葱也可以换成长葱，风味不同，也很美味。

** 为了增加沙司的黏稠度，也可以使用面包屑。

制作方法

❶ 制作沙司。菜花分成小朵，在加入少量盐的水中煮至软烂。

❷ 另起锅，加入橄榄油和洋葱，大火加热。听到"扑哧扑哧"的声音后，转小火，加热至稍稍变色。

⇧ 要将洋葱放入大量橄榄油中，像炸制一样充分加热。洋葱的香味决定了整道意面的味道。注意不要把洋葱炸焦。

❸ 洋葱变色后马上加入海蜓和去皮整番茄罐头，搅拌均匀。

❹ 加入煮至软烂的菜花。含有菜花味道的煮汁稍后使用，取出备用。

❺ 用捣碎器，将菜花捣成大粒。加少量高筋面粉，一点一点倒入菜花的煮汁，一边混合，一边用小火煮 10~15 分钟。

❻ 稍稍变黏稠后，用盐、胡椒粉调味，沙司就做好了。

⇧ 煮制时一般用小火。如果汤汁"咕嘟咕嘟"地煮开，菜花就会被煮碎，味道也会飞散。

❼ 将面包屑放入空的煎锅。用小火加热，晃动煎锅，使面包屑全部变色。

❽ 图中这个程度就是美味的焦黄色。

⇧ 在意大利南部，用面包屑代替奶酪撒在意面上。特别是鱼贝类的意面，经常撒入面包屑。

❾ 在煎锅中盛入 2 汤勺❻的沙司，加入煮好的直意面，混合均匀。盛在盘子里后，撒上大量的❽的面包屑。

长意面

咸猪肉辣茄汁空心直意面

Bucatini all'Amatriciana

加入咸猪肉的辣番茄沙司意面叫做 Amatriciana。Amatriciana 是拉齐奥州山间的一个地名，这个地方从很久以前就吃这种意面，而且，用空心直意面来做才是最正统的吃法。当然也可以使用其他种类的意面，不过选择直意面等稍粗的意面，口感更好一些。这款意面的沙司在很短时间内就可以做好，所以在开始煮意面之后再准备就可以了。只不过，要不断调节火力，才能更有效地加热。另外，作为意面料理的基本原则，每次只制作 1 人份。量大的话，时间和味道的时机都容易偏离。我认为最多只能制作 2 人份。

食材　1 人份

咸猪肉（pancetta，切成 7~8mm
　的条）* ···················· 40g
洋葱（切薄片）················ 少量
红辣椒·························· 1 根
橄榄油························· 少量
白葡萄酒···················· 30mL
去皮整番茄罐头（和汁一起搅碎）
···························· 200mL
空心直意面··················· 80g
帕尔玛干酪（出锅用）** ······· 20g

* 如果没有盐渍猪肉，可以使用西式腊肉。只不过，西式腊肉有很强的熏制香味，所以最好尽可能选用咸猪肉（pancetta）或盐渍猪脸颊肉（guanciale）。
** 奶酪使用匹克利诺罗曼诺奶酪（羊奶酪）最正统。

制作方法

❶ 在凉的煎锅中放入洋葱和咸猪肉，加入切成两半后去籽的红辣椒、橄榄油，用大火让温度上升，待食材温热后转小火。

⇧ 因为咸猪肉会出油，所以开始要少放油。

❷ 咸猪肉炒至稍干硬的状态（如图所示）。如果油太多，可以倒掉一点。

⇧ 根据咸猪肉的不同，油的用量也会不同，所以为了做出来不油腻，一定要调节油的用量。

❸ 加入白葡萄酒。

❹ 开大火，将汤汁煮浓。

⇧ 白葡萄酒的酸味消散，同时干硬的咸猪肉也会恢复柔软。

❺ 水变少后（如图所示），咸猪肉贴在了煎锅底部，这个状态就是煮浓了。

⇧ 如果没有充分煮浓，白葡萄酒的酸味会一直残留到最后。

❻ 加入搅碎的去皮整番茄罐头。用大火加热，沸腾后转小火继续煮。

⇧ 加入凉的东西后一定要马上开大火，让其在短时间内沸腾。不断调节火力是快速烹饪的基本原则。

❼ 待所有食材混合均匀，呈现黏稠状态，再用小火煮 3~4 分钟。注意不要煮得过浓。

⇧ 加入白葡萄酒后要充分煮浓。加入番茄沙司后注意不要煮得过浓。

❽ 失败例子（如图所示）。水分过少，可以清晰地看到锅底，或者表面浮着一层油，作为意面沙司，就是煮得过浓了。

⇧ 如果煮得过浓，可以少量加入煮意面的汤。

❾ 将煮好的空心直意面和帕尔玛干酪放入锅中。在锅中翻炒，混合均匀。

⇧ 使用匹克利诺罗曼诺奶酪时，因为盐分稍重，给沙司调味时要稍加调整。

❿ 快速盛在盘中，马上上菜。

长意面

烟花女直意面

Spaghetti alla Puttanesca

用橄榄、海鳀、刺山柑制作的传统番茄沙司直意面。这 3 种食材都是意大利家庭常备的食材。这道意面味道复杂，做法却很简单。一定要买好的橄榄，这样才能比家庭料理的味道更有档次。Puttanesca 在意大利语中是"烟花女"的意思。烟花女在等待客人的间隙会制作这道意面，据说这个名字便是由此而来。

食材　1 人份

黑橄榄 *	15g
蒜	1 瓣
红辣椒 **	1/2 根
橄榄油	20mL
意大利芹菜（切碎）	少量
海鳀	10g
刺山柑（切大粒）	10g
去皮整番茄罐头（和汁一起搅碎）***	
	200mL
盐	适量
直意面	80g

* 黑色的橄榄味道更加浓郁。也可以根据喜好混合新鲜风味的绿橄榄。

** 红辣椒的分量可以根据喜好增减。为了突出橄榄、刺山柑等食材的个性味道，最好不要太辣。

*** 将番茄和汁一起搅碎备用。

制作方法

❶ 制作烟花女沙司。首先去掉黑橄榄的核。如果是小颗的橄榄，则不用切开整颗使用，用刀腹压一下即可。

❷ 因为橄榄的果肉很软，用手指就能轻松将核取出。另外，将红辣椒掰开去籽，刺山柑切大粒。

⇧ 如果是大颗的橄榄或是绿橄榄，最好切开，将核取出。

❸ 蒜带皮用刀碾碎，剥皮，和橄榄油一起放入煎锅中加热。

⇧ 倾斜煎锅，让橄榄油没过蒜，加热至蒜的中心熟透，变成焦黄色。

❹ 改小火，加入红辣椒、意大利芹菜。接着加入橄榄、刺山柑、海蜒。

❺ 一边将海蜒捣碎，一边混合所有食材。

❻ 改大火，加入去皮整番茄罐头。

❼ 稍稍煮浓一些，用少量盐调味。充分混合至橄榄油的油分柔滑地与番茄乳化。

⇧ 因为已经放入了刺山柑和海蜒，所以要注意控制盐分。

❽ 加入煮好后沥干水的直意面。

❾ 关火，用余温混合沙司和直意面。盛入盘中，撒上意大利芹菜。

⇧ 将意面在沙司中混合时，不能给意面再继续加热，所以一定要关火，或改用极小火。

primo piatto

长意面

105

鱼贝茄汁直意面

Spaghetti alla Pescatora

Pescatora 在意大利语中是"捕鱼人风味"的意思。就像它的名字一样，是加入了丰盛的鱼贝类食材的豪华直意面。这道意面以前只是那不勒斯料理，现在已经在全意大利流行了。这次虽然使用了去皮整番茄罐头来调出番茄的味道，但也可以不加入番茄而用白葡萄酒调味。食材方面，还可以使用长脚虾、章鱼等应季的鱼贝类，其实是没有固定搭配的。加热鱼贝类时流出的汤汁，是沙司美味的来源。将汤汁充分煮浓，浓缩味道，是制作这道意面的关键。

食材　1 人份

蒜	1 瓣
橄榄油	30mL
红辣椒	1/2 根
意大利芹菜（切大块）	适量
贻贝	2 个
蛤仔	9 个
长枪乌贼（小只）	1/2 只
虾夷盘扇贝	1 个
对虾	5 只
白葡萄酒	30~60mL
去皮整番茄罐头（和汁一起搅碎）	150mL
盐	适量
直意面*	80g
特级初榨橄榄油（出锅用）	30mL

* 搭配扁意面也很合适。因为扁意面的断面是椭圆形的，所以更容易被沙司包裹住，口感富于变化。

制作方法

❶ 将碾碎去皮的蒜和橄榄油一起放入凉的煎锅，大火加热。油热后，改小火，慢慢加热至蒜的中心变软后，加入红辣椒。

⇧ 用小火慢慢加热，以免蒜烤焦。

❷ 加入意大利芹菜，放入蛤仔和处理好的贻贝（→ P68 鱼贝沙拉）。倒入白葡萄酒，加盖稍稍加热一会。

⇧ 白葡萄酒的量根据贝类中渗出汁水的多少调节。春季到初夏时节的贝类中会渗出很多汁水，所以不加白葡萄酒也可以。如果因为加入白葡萄酒导致水分过多，在将汤汁煮浓时，鱼贝类就有煮过火的危险了。根据状况调节白葡萄酒的用量是很重要的。

❸ 1~2 个贝壳打开时，揭开盖子。继续煮贝类，直到汤汁浓稠。

❹ 最初水分较多，完全没有浓度。

❺ 慢慢煮浓一会儿，就变成了黏稠的状态。同时，贝壳也全部打开了。

⇧ 鱼贝类的汤汁在这个阶段要完全煮浓备用。

❻ 加入去皮整番茄罐头，大火加热至沸腾。

⇧ 加入凉的东西时，如果保持相同火力，则需要浪费很长时间，一定要换成大火。不断调节火力是提高速度的诀窍。

❼ 沸腾后，慢慢煮浓，加入虾、乌贼、虾夷盘扇贝。稍稍变色后，尝一下沙司的味道，调节咸淡。

❽ 关火或改用极小火，出锅前淋入特级初榨橄榄油混合均匀。

❾ 加入煮好的直意面，混合均匀。将鱼贝类均匀码入盘中，撒上意大利芹菜。

长意面

鲭鱼茄子茄汁直意面

Ragu con Scombro e Melanzane

这道料理会用到一种新颖的沙司，即用鲭鱼和茄子这种日式组合制作的带有番茄底味的沙司。这里使用的是直意面，不过与扁意面也很搭配。为了衬托美味，没有使用洋葱，而是长葱。长葱的独特风味与鲭鱼十分相配。另外，因为想让鲭鱼保留颗粒感，所以没使用木铲，只通过晃动锅来混合。茄子也很容易煮碎，所以在加入沙司前进行炒制，使茄子完全变色，并在沙司出锅时加入。

食材

鲭鱼和茄子的番茄沙司（4 人份）

鲭鱼 * ·············· 1 条（约 400g）
茄子（切小块）················· 2 个
长葱（切碎）···1 根（葱白部分）
橄榄油 ** ······················· 90mL
迷迭香 ·························· 1 枝
白葡萄酒 ················ 100mL
去皮整番茄罐头（和汁一起搅碎）
··························· 540mL
盐、胡椒粉 ·········· 各适量
直意面 ·························· 80g
特级初榨橄榄油（出锅用）··· 20mL

* 可以将鲭鱼换成金枪鱼。
** 鲭鱼有独有的气味，为了抑制这种味道，需使用风味浓郁的优质橄榄油。

制作方法

❶ 将鲭鱼用三片刀法切开。用鱼骨钳拔掉鱼肉上的小刺，将鱼肉切成 1cm 的小块。

❷ 将茄子切成与鲭鱼相同大小。长葱切碎。

❸ 在锅中放入橄榄油和长葱，用小火慢慢加热。中途加入迷迭香，爆出香味。

❹ 在长葱马上要变色前，加入鲭鱼。加入少量盐，用大火炒鲭鱼。如果鱼碎了，美味会损失很多，所以不要用木铲搅拌，只晃动锅进行混合。迷迭香在这时捞出。

❺ 鲭鱼变白后，加入白葡萄酒，用大火煮浓。

⇧ 让白葡萄酒中的水分充分蒸发，煮浓浓缩美味。

❻ 煮浓至锅底发出"扑哧扑哧"的声音时，加入去皮整番茄罐头。用大火加热至沸腾，然后转中小火，炖煮 20~30 分钟。

❼ 炖煮时准备茄子。在煎锅中倒入橄榄油（另用）加热，放入❷的茄子。翻炒至出现烤色，撒入盐调味。

⇧ 事先翻炒一下，即使加入沙司茄子也不容易碎了。

❽ 待❻的沙司黏稠后，加入❼的茄子。

❾ 煮 5~10 分钟，使茄子变热并入味。用盐、胡椒粉调味，沙司就做好了。

⇧ 鲭鱼在炖煮时多少都会有些碎，这是没有办法的。但因为想保留茄子的形状，所以要在加入后尽快出锅。

❿ 取 1 人份的沙司加热，加入煮好的直意面混合均匀。出锅时淋上特级初榨橄榄油，盛出上菜。

沙丁鱼扁意面

Linguine alla Lampara

沙丁鱼基本全年都可以买到，是便宜又好用的食材代表。从初秋到冬季，沙丁鱼的脂肪最厚，是美味骤增的时期。这道使用沙丁鱼的简单意面料理就是沙丁鱼扁意面。将与沙丁鱼十分搭配的番茄作为底味，混合薄荷叶，味道非常有个性。并且，沙丁鱼和蒜也十分相配，和普通的意面不同，这里并没有使用完整的蒜，而是将蒜切碎后一起混合进沙司中。细碎的蒜很容易烧焦，加热时一定要注意。

食材　1人份

沙丁鱼 *	2~3 条
蒜	1 瓣
盐、胡椒粉	各适量
橄榄油	30mL
白葡萄酒	30mL
去皮整番茄罐头（和汁一起搅碎）	200mL
扁意面 **	80g
薄荷叶	适量

* 选择新鲜的沙丁鱼。
** 扁意面是断面为椭圆形的干燥长意面。它的形状决定其口感富于变化，沙司也能裹满扁意面。

制作方法

❶ 用刀刮掉沙丁鱼的鱼鳞，在胸鳍后面插入刀，将头切下。斜向切开腹部，去除内脏，用水冲洗，完全去除血水和脏东西。最后将水擦干。

❷ 从头部的切口沿着中骨入刀，将身体片开。

❸ 翻至背面，另一侧也用相同方法片开，到此为止就是三片刀法。

❹ 将腹骨薄薄片下。沙丁鱼处理完毕。

❺ 将蒜拍碎后切成大块，和橄榄油一起放入煎锅中，用小火加热，爆出香味。

⇧ 注意不要将蒜烧焦。

❻ 将沙丁鱼的皮朝下，不要重叠，码入锅中煎制。撒入盐、胡椒粉调味。中途翻面。皮碎了也没关系，不用过度担心。

❼ 沙丁鱼煎熟后，加入白葡萄酒。晃动煎锅均匀加热，使水分蒸发。

❽ 白葡萄酒煮浓后，加入去皮整番茄罐头。

❾ 将沙丁鱼稍稍捣成大块，继续煮至入味。尝一下味道，用盐调味。

❿ 加入煮好的扁意面，出锅时撒入切好的薄荷叶混合均匀。盛在盘中上菜即可。

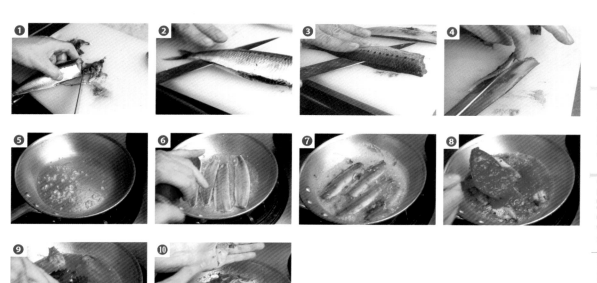

烤青椒冷制特细意面

Capellini con Peperoni Arrosti

每到暑热时节，我都想在意面菜单中加一些凉的东西进去。下面我们就利用"前菜拼盘"中介绍的"西西里风味腌彩椒"（→P62），试着做一道简单的冷制意面。将肉厚的彩椒整个烤熟即可，充分调取其中的甜味。青椒的剥皮、去籽需要一些时间，但后面的操作只需要用调味料调味并混合均匀即可，是非常简单快速的菜品。这里使用了口感较轻、适合冷制的特细意面，当然使用直意面也是可以的。

食材　1人份

红、黄彩椒 *	……………	各 1 个
蒜	…………	1/2 瓣
罗勒叶	…………	少量
盐、胡椒粉	…………	各少量
白葡萄醋、特级初榨橄榄油		各少量
特细意面 **	…………………	60g
罗勒叶（装饰用）	…………	1 枝

* 肉厚的彩椒有各种颜色。最美味的是红色的，但为了颜色丰富，最好混合使用2~3种。另外，也可以加入茄子。与彩椒一样，将茄子整个烤熟后剥皮使用。

** 极细的干燥长意面，也叫做天使的头发（Capelli d'angelo），适合做冷制意面。

制作方法

❶ 将彩椒码在烤盘中，放入 170℃的烤箱中烤制。不时转动彩椒，使其受热均匀。烤至表面变黑，整体变软即可。

⇧ 也可以在炉子的网上烤制。表面变黑也没关系，因为还要剥皮。

❷ 趁热将彩椒切成两半，去掉中间的籽，剥去表皮。

⇧ 如果不趁热就不好剥皮。

⇧ 不要将彩椒浸泡在水中，以免鲜味流失。先将手指浸在水中，冷却后再剥彩椒的皮。

❸ 将彩椒放入盆中，烤出的汤汁也不要扔掉，一起倒入盆中。

⇧ 流出在烤盘里的彩椒汁浓缩了美味和甜味，所以不要丢掉，一起混合。

❹ 将彩椒用手撕成易于食用的大小。

❺ 将蒜碾碎后切成大块，放入盆中。用量可以按照个人喜好调节。再将罗勒叶用手撕碎后放入盆中。

❻ 撒入盐、胡椒粉，将所有食材混合均匀。

❼ 加入一点点葡萄醋和特级初榨橄榄油，充分混合至食材入味。

⇧ 充分混合至液体变白，形成酱汁状。

❽ 煮熟特细意面，然后放在流水下冲凉。用厨房纸巾吸干表面的水分，盛在凉的盘子里。

❾ 将❼的腌彩椒再次充分混合后，倒在特细意面上。装饰罗勒叶。

长意面

热那亚风味青酱扁意面

Linguine con Pesto Genovese

这道意面大家都十分熟悉。在罗勒中混合松子、帕尔玛干酪等制成浓郁的酱汁，与扁意面混匀就做好了。青酱（Pesto Genovese）的传统吃法是搭配土豆和扁豆，但如果搭配其他食材，变化也很丰富。这里试着搭配了春季蔬菜芦笋，也可以根据个人喜好变换食材。为了保持只有新鲜罗勒才有的风味和青酱鲜艳的绿色，无须直接加热。青酱与意面混合时用极小火就可以了。与其他的意面不同，这道意面不是追求热度的美味，所以希望大家制作和上菜时多加注意。

食材　1人份

热那亚风味青酱（1人份2~3大勺）

罗勒叶	50g
松子	70g
蒜	1/2 瓣
帕尔玛干酪	30g
盐	1/2 小勺
特级初榨橄榄油	50~60mL
土豆	1/2 个
芦笋 *	2 根
扁意面	80g

* 也可以使用扁豆。

LA BETTOLA

制作方法

❶ 制作热那亚风味青酱。在食物料理机中放入松子和去皮的蒜、帕尔玛干酪、盐，加入一半的橄榄油。

❷ 放入罗勒叶，搅拌。因为最开始料理机很难启动，所以一边分次倒入剩余的橄榄油，一边搅拌。

❸ 搅拌成如图中一样颗粒略粗的酱状就可以了。

❹ 将土豆和芦笋切成易于食用的大小，煮熟备用。

❺ 将扁意面放入加盐（浓度1.5%）的水中煮制。煮熟前，加入土豆和芦笋，温热备用。

⇧ 配菜的蔬菜用什么都可以。如果喜欢简单的形式，只放青酱也可以。

❻ 同时，将煎锅用极小火加热，放入2~3大勺青酱，加入40mL煮意面的汤。

❼ 保持极小火。

⇧ 绝对不能让酱汁沸腾，如果煮开了，不但酱汁的颜色会变化，香味也会飞散。

❽ 一次性放入煮好的意面和配菜。

❾ 继续用小火，充分混合均匀。盛出上菜即可。

⇧ 也可以离火。

白汁意面

Spaghetti alla Carbonara

用奶油状的鸡蛋取代沙司制作意面。这道料理的重点就在鸡蛋的加热上。鸡蛋如果受热过多，就会变成煎蛋；如果受热过少，则有腥味。加入鸡蛋时一定要关火，确认锅是不是过热。如果加入鸡蛋后感觉火候不够，可以用小火加热进行调节。另一个美味的要点就是咸猪肉（pancetta）的油分。用小火慢慢加热，使含有美味的油脂充分析出。这时如果用大火就会烧焦，所以请注意调节火力。虽然意面料理的做法都是相通的，但时机和操作顺序也非常重要。白汁沙司很快就可以做好，所以最好先煮意面。

食材　1人份

咸猪肉（pancetta，盐渍猪肉）

………………………………… 40g

橄榄油………………………… 1/2 大勺

白葡萄酒……………………… 15mL

鸡蛋…………………………… 1个

蛋黄…………………………… 1个

帕尔玛干酪…………………… 15g

粗磨黑胡椒粒 * …………………… 适量

直意面………………………… 80g

* 现磨添加。

制作方法

❶ 在煎锅中放入橄榄油和切成 5mm 宽的咸猪肉，加热。油脂析出后转小火。

⇧ 咸猪肉很容易烧焦，所以不能放入热油中。

❷ 用小火慢慢加热，析出带着美味的油脂。如图中一样将肉加热至稍干硬、香味四溢的状态。

❸ 加入白葡萄酒。晃动煎锅，将白葡萄酒煮浓，使水分、酒精、酸味消散。这时，干硬的咸猪肉会吸收水分，恢复柔软。

❹ 将汤汁煮至与最初油脂的量相同即可。

⇧ 如果在这里没有充分将汤汁煮浓，葡萄酒的酸味和独特的气味会一直残留到最后。

❺ 少量加入煮意面的汤，一边晃动煎锅，一边混合均匀。

❻ 让油分和水分充分混合，乳化成如图中的黏稠、发白的状态。这时关火即可。

❼ 在盆中放入鸡蛋、蛋黄、帕尔玛干酪、粗磨黑胡椒粒，用叉子混合均匀。

❽ 在❻的沙司中加入煮好的直意面，与沙司混合，加入❼的蛋液。

⇧ 沙司很快就可以做好，所以最好先煮意面。

⇧ 加入蛋液时，关火，用煎锅的余温加热即可。注意，如果煎锅过热，鸡蛋马上就会凝固。为了不让煎锅过热，可以在煎锅底部垫上湿布降温。

❾ 颠动煎锅，使意面和酱汁混合均匀，为了让鸡蛋达到黏稠的状态，可以用极小火加热。快速盛在盘中上菜。

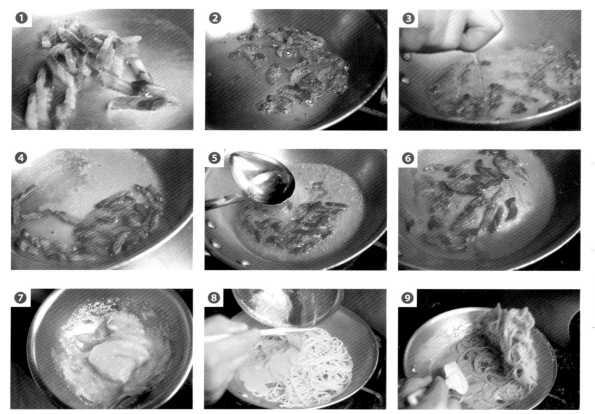

长意面

primo piatto

生火腿豌豆奶油风味特宽意面

FettumLine alla Pannna Prosciutto e Piselli

用奶油沙司制作的特宽意面，看起来分量十足。这里介绍的是用生火腿、豌豆等常备食材就能制作的简单菜单。在意大利，这是一道人尽皆知的菜单。大家以 Pannna（生奶油）、Prosciutto（生火腿）、Piselli（豌豆）这三个词的开头"pan•pro•pi"作为这道意面的爱称。除此之外，还可以加入口蘑。奶油沙司好吃与否的决定性因素是盐，这也是一个难点。如果最后咸味淡了，那么客人很快就会吃腻。有意识地稍稍多加一点盐是制作这道意面的重点。

食材　1人份

生火腿（1cm 宽，切薄片）……2 片
豌豆…………………………… 约 2 大勺
生奶油…………………………… 130mL
橄榄油…………………………… 10mL
无盐黄油………………………… 5g
盐………………………………… 适量
特宽意面（干燥）*……………… 60g
帕尔玛干酪（出锅用）………… 15g
无盐黄油（出锅用）…………… 10g

* 扁面条状的扁意面。如果有手擀的鲜意面，也可以使用。

制作方法

❶ 在煎锅中加入橄榄油和黄油，小火加热。加入切成 1cm 宽的薄片生火腿。

❷ 保持小火，将生火腿慢慢炒出香味。

⇧ 注意，如果用大火，薄片的生火腿很容易烧焦，独特的香味也容易飞散。

❸ 炒出香味后，加入生奶油。然后加入豌豆，用小火煮浓至 2/3 的量。

⇧ 如果加入口蘑，将口蘑切成薄片，在这里一起加入煮制。

❹ 从最初的清爽状态煮到黏稠状态就可以了（如图所示）。尝一下味道，确认咸淡。

⇧ 煮浓汤汁，可以使味道更浓郁。黏稠的沙司也更容易裹在特宽意面上。

❺ 关火，加入煮好的特宽意面、帕尔玛干酪、黄油。用余温混合均匀，盛出上菜。

⇧ 最终咸味会稍重一点。

虾仁咖喱风味特宽意面

FettumLine alla Farck

这是一道在奶油沙司中加入咖喱风味的个性意面。虽说是咖喱风味，但不会很强烈，只是用咖喱代替了胡椒便使意面档次更高。奶油沙司很适合搭配制作时加入了鸡蛋的意面。这里虽然使用干意面，但如果使用手擀的新鲜意面，鸡蛋的风味会更好，所以尽可能用新鲜意面来做这道料理吧。

食材　1人份

虾仁	80g
蒜（切大块）	1瓣
橄榄油	5mL
无盐黄油	少量（指尖大小）
白葡萄酒	10mL
生奶油	150mL
咖喱粉	少量
特宽意面（干燥）	60g
无盐黄油（出锅用）	10g
帕尔玛干酪（出锅用）	10~20g

120

制作方法

❶ 在煎锅中加入橄榄油和黄油，加入碾碎去皮后切大块的蒜，加热至有香味。

❷ 有香味后，加入虾仁，撒入少量盐翻炒。表面变白（如图）后马上加入白葡萄酒，混合均匀。

❸ 从煎锅中取出虾仁。

⇧ 如果一直加热虾仁会变硬，所以中途取出，最后再放回，口感筋道弹牙。

❹ 因为煎锅中留有虾仁美味的汤汁，可以晃动煎锅，将汤汁煮浓，注意不要烧焦。

⇧ 美味被浓缩。

❺ 加入生奶油，混合均匀。

⇧ 用小火加热，不要让汤汁沸腾。

❻ 加入咖喱粉。

⇧ 只是添加淡淡的咖喱香，用勺子的前端舀一点点就可以。

❼ 将取出的虾仁和盘子里的汤汁一起倒回煎锅中。

❽ 将煎锅加热，使虾仁回温。

⇧ 不要让生奶油沸腾。注意不要将虾仁煮硬。周围煮熟，中间还有一点点生是最好的。

❾ 关火或改用极小火，加入在盐水中煮熟的特宽意面，混合均匀，使沙司裹满意面。

❿ 出锅时混合黄油和帕尔玛干酪，装盘上菜。

辣茄汁笔尖面

Penne all'Arrabbiata

这是一道诞生于意大利的传统料理，其中使用了笔尖面。"Arrabbiata"是"愤怒"的意思，形容辛辣的程度。用红辣椒体现辣味的番茄沙司与肉厚筋道的笔尖面十分搭配。只不过，每个人对辣味的喜好不同，最好适度地调节。通常通过增减红辣椒的量来调节辣度，但也有加入辣椒粉等方法。红辣椒基本没有水分，很容易烧焦，所以红辣椒入油后的操作一定要快速进行。另外，加入去皮整番茄罐头后，要改小火慢慢煮浓。用大火将汤汁收浓，味道便越发深厚。

食材 1 人份

蒜*	2~3 瓣
橄榄油	30mL
红辣椒*	1~2 根
意大利芹菜（切大块）	适量
去皮整番茄沙司（和汁一起搅碎）	200mL
盐	少量
笔尖面	70g
特级初榨橄榄油（出锅用）	30mL

*蒜和红辣椒的量可以按照喜好调节。

制作方法

❶ 将蒜用刀压碎后去皮。红辣椒切成 3~4 段，去籽。

⇧ 如果红辣椒带籽使用会有强烈的辛辣味道。

❷ 在凉煎锅中加入蒜和橄榄油，加热。倾斜煎锅，让蒜浸在油中。先用大火将油烧热，然后转小火慢慢加热。

⇧ 需要调节火力。

❸ 加热至蒜全部变色，中心也变软。

⇧ 用竹扦能轻松扎透为止。

❹ 首先加入红辣椒。

⇧ 从这步起，因为很容易烧焦，所以要快速操作。要不断晃动煎锅，均匀加热。

❺ 加入意大利芹菜。

❻ 再加入去皮整番茄沙司。用大火加热至沸腾。

⇧ 放入凉的东西后要开大火。不断调节火力至沸腾。

❼ 加入少量的盐，混合均匀。沸腾后转小火，不时混合一下，将沙司煮浓。

⇧ 用大火加热，香味也会随着水分蒸发。为了调取番茄和红辣椒的美味，要用小火慢慢加热。

❽ 煮一会，使水分蒸发，沙司变得黏稠。尝一下味道，如果不咸就加盐调味。

⇧ 红辣椒的辣味是特色，所以调味只加入盐。不要使用同样具有辛辣味道的胡椒。

❾ 关火或改用极小火，放入煮好的笔尖面，混合均匀。出锅时按喜好混合特级初榨橄榄油，装盘，撒入意大利芹菜。

primo piatto

短意面

肉酱通心粉

Rigatoni con Salsa Bolognese

用肉馅制作的"肉酱沙司",是意面的常规沙司之一,在各个年龄段的客人中都有很高的人气。"肉酱沙司"也叫"Bolognese"沙司,是诞生于意大利北部博洛尼亚地区的传统肉酱沙司,在当地非常受欢迎。肉酱多搭配意大利干面(长意面)使用。制作肉酱的精髓就是彻底发挥出肉馅的美味。首先,炒制的时候尽可能不搅拌。肉馅在冷的时候如果用力搅拌,肉粒就会碎掉,使美味完全流失。肉酱就是用"细碎"的肉炖煮而成料理,按照基本做法,让肉馅完全出现烤色是重中之重。去除多余的油分和水分,慢慢煮浓,将美味浓缩,也十分重要。

食材
肉酱沙司(约20人份)

洋葱(切碎)	30g
蒜(切碎)	150g
芹菜(切碎)*	150g
橄榄油	100mL
牛肉馅**	2kg
红葡萄酒***	500mL
去皮整番茄罐头(和汁一起搅碎)	2L
月桂叶	1片
盐、黑胡椒粉	各适量
直纹大通心粉(干燥)****	70g
帕尔玛干酪(出锅用)	10g
无盐黄油(出锅用)	5g

* 芹菜用刀拍碎纤维后再切,香味更加香浓持久。

** 肉馅可以用混合肉馅,如果用粗肉馅,还能体会到食肉的快感。可以在肉中加入10g黑胡椒码底味后再绞肉馅。

*** 葡萄酒一般使用红葡萄酒,白葡萄酒也可以。

**** 比通心粉粗,有条纹的管状短意面。

制作方法

❶ 将洋葱、蒜、芹菜用 100mL 橄榄油慢慢翻炒。最初不怎么搅拌，像用油炸一样让水分蒸发，浓缩美味。离火，让粘住的部分用蔬菜的水分软化，然后再次加热。重复这个操作，制作蔬菜酱。

❷ 加入牛肉馅。轻轻打散，摊开在锅中，之后就不要再搅拌，加热即可。

⇧ 如果用力打散，肉就会碎，肉汁也就流出来了。最初不翻炒，让肉馅表面像烤一样长时间加热。

❸ 肉的香味飘出后，用木铲将肉馅翻面，确认是否出现烤色。重复这个操作，直到肉馅全部做出烤色。

⇧ 绝不能过度搅拌。随着加热，肉馅自然就散开了。

❹ 注意，锅底的油分会慢慢变少，容易烧焦。最终将肉馅全部烤熟，呈现基本没有油分和水分的状态。

❺ 一次性加入葡萄酒。因为是几乎没有水分的状态，所以会听到"吱啦"一声，并且出现蒸气。

⇧ 没有声音，就是肉烤得不够。

❻ 开大火，将汤汁煮浓，让美味进入肉中。直到剩余的油发出"噼里啪啦"像飞溅一样的声音。加入月桂。

⇧ 如果没有将水分完全煮干，葡萄酒的酸味就会一直留到最后，肉酱也会稀的。

❼ 加入去皮整番茄罐头。大火加热至沸腾，然后用中小火加热。不时混合一下，静静炖煮30~40 分钟。

❽ 全部变黏稠后就煮好了。用盐和黑胡椒粉调味。静置一晚，让味道更加柔和。

❾ 在锅中舀入 1 人份的肉酱沙司，加热，加入煮好的直纹大通心粉，搅拌均匀。混入帕尔玛干酪，加入少量黄油，混合均匀即可。

短意面

125

烟熏三文鱼生奶油笔尖面

Penne alla Panna e Salmone

在使用生奶油制作的沙司中，加入了烟熏三文鱼。黏稠又适量的沙司很适合用短意面，与长意面也很相配。虽然也可以使用鲜鱼，但加入烟熏三文鱼独有的熏制香味，沙司的味道更加独特。烟熏三文鱼虽然是高价的食材，但只使用边角料就可以了。一次性多做一些沙司，还能与前菜等其他料理搭配使用。

食材　1人份

烟熏三文鱼 *	40g
无盐黄油	5g
生奶油	150mL
盐	少量
笔尖面 **	70g
帕尔玛干酪（出锅用）	12g
无盐黄油（出锅用）	5g

* 可以使用价格便宜的散碎烟熏三文鱼。
** 笔尖面就是笔尖形状的意面。烟熏三文鱼生奶油与直意面、特宽意面等长意面以及其他的短意面都很搭配。

制作方法

❶ 将烟熏三文鱼切成小块。

❷ 在煎锅中放入黄油，加热至熔化，放入烟熏三文鱼翻炒一下。

⇧ 需要注意的是黄油容易烧焦。

❸ 烟熏三文鱼的表面变白后加入生奶油。

⇧ 如果想用伏特加或威士忌增香，要在最初加入，待酒精挥发后，转小火，加入生奶油。

❹ 因为生奶油易烧焦，所以要用小火。

⇧ 注意调节火力。特别是煎锅周围最容易烧焦，要不时用橡胶铲铲落混合。

❺ 加入 1 小撮盐，静静煮浓至全部沙司量的2/3。

⇧ 因为烟熏三文鱼和后面要加的帕尔玛干酪都有盐分，所以这里不用加很多盐。

❻ 加入煮好的笔尖面。

❼ 出锅时加入帕尔玛干酪和黄油。

❽ 关火，混合均匀。

⇧ 这里的目的是使意面裹上沙司。如果再加热，意面的口感和沙司的浓度都会发生变化。关火或用保持沙司不凉的极小火即可。

❾ 快速盛入盘中，上菜。

红芸豆煮意面

Pasta e Fagioli

这是一道豆子和短意面一起炖煮的传统意面料理。因为本来就是朴素的家庭料理，所以一般不会在餐厅中登场。但在寒冷的季节，热汤感觉的意面还是很受客人欢迎的。虽然这里使用了芸豆，但使用鹰嘴豆等其他种类的豆子也能做得很好吃。另外，为了更容易和豆子一起食用，适合使用笔尖面、猫耳朵等短意面。如果使用长意面，最好适当折短一点。无论使用哪种意面，都要在煮好后和豆子一起再稍稍炖煮一会，让意面含有豆子的味道是这道意面的关键。

食材　4人份

红芸豆（干燥）* ················ 200g
芹菜 ···························· 1/3 根
盐 ······························ 1 小撮
洋葱 ···························· 1/3 个
胡萝卜 ·························· 20g
芹菜 ···························· 1/3 根
橄榄油 ·························· 30mL
香草束 ** ······················ 1 束
去皮整番茄罐头（和汁一起搅碎）
································ 100mL
笔尖面 *** ······················ 200g
盐、胡椒粉 ···················· 各适量
帕尔玛干酪（出锅用）········· 适量
特级初榨橄榄油（出锅用）··· 适量

* 事先在水中浸泡一晚。完全膨胀后再煮一次。
** 几种新鲜的香草扎成的束。炖煮或做汤时放入一束一起炖煮可以提香。这里用 2 片鼠尾草包裹 1 枝百里香和 1 枝迷迭香，然后用线扎紧。
*** 短笔尖面。

制作方法

❶ 事先煮豆子。将红芸豆和 3~4 倍的水放入锅中，加入 1 小撮盐和拍碎散发香味的芹菜，大火加热。沸腾后转小火，加热至豆子变软。图中是煮好的红芸豆。

⇧ 一次性多煮一些豆子，保存起来备用。

❷ 在锅中加入 30mL 橄榄油和香味蔬菜，放入香草束，加热至散发香味，制作蔬菜酱。

❸ 加入去皮整番茄罐头，用木铲混合翻炒。使水分蒸发，凝结美味。

❹ 将煮好的❶的豆子取出 2/3，和大部分煮汁一起加入❸中。剩余 1/3 的豆子和少量煮汁需在后面步骤中加入，所以要事先分开。

❺ 加水到没过豆子 4~5cm，使水量充足。

❻ 将剩余的豆子和煮汁放进食物料理机中，搅打成稍粗的酱状。

⇧ 不要搅打至完全柔滑，稍稍留有颗粒，更能品尝出豆子的味道。

❼ 将豆子酱加入❺的锅中，再煮 10 分钟，让豆子和汤的味道充分融合。

❽ 用盐、胡椒粉调味。加入煮好的笔尖面，再煮 5 分钟。

⇧ 在这道料理中不需要体现意面的筋道。最好的口感是在柔软的意面中还能吸收进一点豆子汤。

❾ 确认味道，加入帕尔玛干酪和特级初榨橄榄油。

❿ 混合均匀。装盘，撒上帕尔玛干酪，淋入特级初榨橄榄油。

⇧ 在餐厅中可以一直做到最后，但如果数量有限，可以先做到❼为止，客人下单后，再混合意面稍煮一会。

土豆汤团

GnomLhi di Patate

土豆汤团在意大利各个地区都有制作，每个地方的沙司也都不尽相同。这里使用了鼠尾草香味的奶酪沙司，也可以根据喜好选用番茄沙司等。汤团可以事先做好煮熟，需要的时候再加热，和沙司混合在一起，因此十分节省时间。这道汤团可以丰富头盘的内容，请一定要添加在菜单中。食材中的土豆也可用换成南瓜或甘薯。柔软细腻的口感是汤团的特点，所以在制作面团时，要尽可能少用手粉，更不要揉进面团中。

食材

土豆汤团（约 4 人份）

土豆 * ···························· 1kg

鸡蛋 ···························· 1 个

帕尔玛干酪 ················ 100g

高筋面粉 ··············· 约 200g

盐、橄榄油·················· 各适量

沙司（1 人份）

无盐黄油 ···················· 30g

鼠尾草 ···················· 约 3 片

帕尔玛干酪（出锅用）········ 1 小撮

* 选择土豆的品种，比起五月皇后（May Queen），水分少的男爵做起来更容易。

制作方法

❶ 将土豆整个煮熟后剥皮，趁热放在搅碎器中搅成泥。

❷ 将土豆泥放入盆中，混合鸡蛋、帕尔玛干酪、高筋面粉。

⇧ 不是揉面，而是将全部原料混合均匀。一定不要过度揉面或过度使用手粉，否则做出来的口感会变差。

❸ 面团会有些软，只要将原料混合均匀后团成团即可。

⇧ 高筋面粉的量根据面团的状态添加。只不过要注意的是，虽然高筋面粉少的话不容易成团，但如果加得过多，土豆的风味就会变淡。

❹ 一边撒手粉（高筋面粉，另用），一边将❸的面团在操作台或案板上揉成细长条状，从顶端开始切分成1cm宽的剂子。

❺ 分好的剂子容易相互粘黏，或因为柔软容易碎掉，不要让它们粘在一起。

⇧ 面团不用的话很快就会发黏，保存十分困难。所以最好在做好面团后马上切分，煮熟再保存。

❻ 在锅中煮开水，加入盐，沸腾后加入汤团煮制。

⇧ 剂子粘到器具上或手上很容易碎，最好将汤团放在大平盘的背面（或案板、瓦楞纸上），让其直接滑入锅中。

❼ 汤团浮到水面上就煮熟了。如果马上使用，可以放在锅里。如果需要保存，用漏勺盛起汤团，沥干水分后放入盆中，控干水分，涂抹少量橄榄油。

❽ 制作沙司。在煎锅中放入黄油，加热熔化，加入鼠尾草叶，让香味进入黄油中。注意不要将鼠尾草烧焦，加入少量汤团的煮汁。晃动煎锅，让汤汁乳化成黏稠状态。

❾ 将煮熟的汤团放入带把手的滤网中，在沸水中加热。

⇧ 最初是沉底的，完全热透后会浮至表面。

❿ 将汤团充分控干水分，加入❽的沙司中。为了不破坏汤团的形状，晃动煎锅混合均匀。出锅时加入帕尔玛干酪，混合混匀。装盘上菜。

汤
团

里科塔奶酪小方饺

Ravioli di Ricotta

"Ravioli"是带馅的意面。中间可以夹入切碎后煮好的肉或生火腿，也可以放鸡蛋和奶酪的混合物，还可以放入炖煮料理，根据不同的创意变化十分丰富。这里介绍的是放入奶酪的菜谱，只要混合就能轻松做好。煮制时，为了不让中间的馅料跑出来，一定要将面片捏紧，并且避免用大火煮开。出锅后和番茄沙司混合在一起即可，和简单的鼠尾草黄油沙司也十分搭配。

* 在煎锅中加热黄油和新鲜的鼠尾草叶子，加入少量意面的煮汁，使其乳化成沙司。

食材

带馅意面的原料

高筋面粉 ……………………	1kg
鸡蛋 ……………………	8 个
蛋黄 ……………………	4 个

馅料（10 个）

乳清干酪 ** ……………………	300g
高贡佐拉奶酪 ……………………	50g
帕尔玛干酪 ……………………	30g
蛋黄 ……………………	2 个
意大利芹菜（切大块）……	少量
盐 ……………………	少量
蛋液……………………	1 个量
番茄沙司（→P27）………	适量
帕尔玛干酪、无盐黄油（出锅用）	
……………………	各适量

** 如果用手工制作的乳清奶酪，请参照 P224 里科塔奶酪。

制作方法

❶ 制作带馅意面的原料。将食材全部混合，揉捏至柔滑，然后放在冰箱里醒制。撒上手粉后，放在意面机上，延展成 0.5mm 的厚度。

⇧ 不能一下就延展成目标厚度，需要先从厚一点的面片开始，慢慢调节厚度，最后延展成薄片。

❷ 将面片分割成 14cm×25cm 的大小。准备 2 片。

❸ 将馅料的食材全部倒入盆中，混合至柔滑。放入圆形嘴的裱花袋中。

⇧ 可以加入肉豆蔻增加风味。

❹ 充分将鸡蛋打散，在两片面片上用刷子均匀地刷上蛋液。在其中一片上以均等间隔将馅料挤在 10 处。

❺ 盖上另一片面片。用手压紧馅料间的间隙，将上下面皮黏在一起，注意不要进入空气。

❻ 大致切成正方形，用刀切分成小方饺。

❼ 最后，再一次将一个一个小方饺的四周都捏紧。

⇧ 可以冷冻保存。分开码在大平盘中冷冻，以 1 人份为单位保存，使用的时候十分方便。

❽ 用加了盐（浓度 1.5%）的水煮小方饺。用中小火加热即可，以防过度沸腾。煮制的火候是面片刚刚熟透即可。如果留有一点点硬芯会不好吃。

⇧ 冷冻的小方饺可以直接煮制，无需解冻。

❾ 计算煮制小方饺的时间后，准备沙司。在煎锅中放入番茄沙司加热。放入煮好的小方饺，加入磨碎的帕尔玛干酪和黄油。

❿ 颠动煎锅，让沙司均匀地裹在小方饺上。装盘上菜。

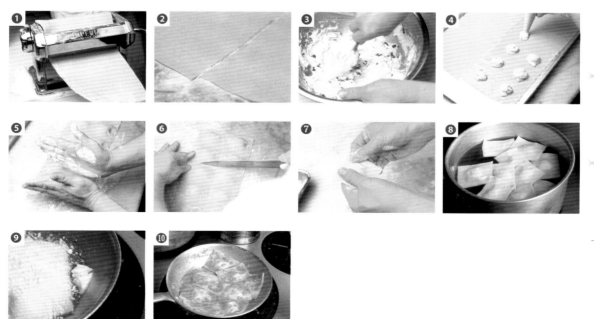

千层面

Lasagna

将片状意面和肉酱沙司、白汁沙司等重叠后烤制而成的千层面。千层面可以事先准备原料，上菜十分简单。尽管是很方便的菜单，但因为白汁沙司的制作很麻烦，所以好像还是有很多人望而却步。虽然可以利用市售成品，不过在这里要介绍一个无需制作白汁沙司的独创做法，秘诀就是生奶油。事先将生奶油煮浓，和肉酱沙司混合，肉酱沙司自身就会变得温和而细腻，即使没有白汁沙司，也能充分体现浓郁的味道。

食材　6人份 *

千层面用肉酱沙司

生奶油 ……………………	100mL
肉酱沙司 ** ……………………	700g
盐、胡椒粉 …………	各适量
帕尔玛干酪 ……………	30g
无盐黄油 ……………………	30g
高筋面粉 ……………	少量

千层面（23.5cm×7.5cm 的片状意面）……………………… 6 片

无盐黄油…………………	适量
马苏里拉奶酪…………	120g
帕尔玛干酪…………	30g

* 如果是这个分量，作为套餐中的 1 道，就是 6 人份。如果是单点，则是 5~6 人的量。
** 肉酱沙司也可以使用市售品。如果自己制作可以参照 P34。

制作方法

❶ 在煎锅中放入生奶油，加热，煮浓至一半的量。

⇧ 煮浓生奶油是为了味道更浓厚，而且不会给肉酱沙司带来过多的水分、降低浓度。

⇧ 用生奶油代替白汁沙司，可以节省准备时间。

❷ 在锅中放入肉酱沙司加热，加入❶的生奶油混合均匀。

❸ 用盐、胡椒粉调味。加入帕尔玛干酪和黄油，混合均匀。如果想让沙司更浓，可以在黄油上涂抹高筋面粉后再加入。这样，高筋面粉既不会形成疙瘩，还可以给沙司稍稍增加浓度。

❹ 将沙司倒入大方盘中，摊开冷却。

❺ 将千层面的面片放入盐水中，静静地一边搅动一边煮制。煮熟后放入冷水中，再用滤网沥干水分，最后一片一片地在大方盘背面或网上摊开，完全凉干。

⇧ 需要注意的是，如果湿着重叠，会粘在一起。

❻ 在耐热容器中薄薄地涂一层黄油（另用）。

❼ 在上面铺少量的❹的肉酱沙司。

❽ 在❼上覆盖❺的千层面面片，铺一层肉酱沙司，再撒入撕碎的马苏里拉奶酪和帕尔玛干酪。重复这个动作重叠多层。

⇧ 沙司和奶酪要均匀地铺开至边缘，并且使高度一致。

⇧ 如果在此时将准备好的千层面放入冰箱保存，上菜的速度就会很快。如果是按照 1 人份上菜，那么就在客人每次下单后切分，移入单独的耐热容器中。按照❾的要领撒入帕尔玛干酪和黄油，在预热至 200℃的烤箱中烤熟后上菜。

❾ 如果一次提供 6 人份的千层面，就在最后撒上大量的帕尔玛干酪，再将黄油撕碎撒入。放入预热至 200℃的烤箱中，烤至千层面发出"扑哧扑哧"的声音且表面出现烤色为止。切分上菜。

牡蛎烩饭

Risotto alle Ostriche

在牡蛎肥美的季节，一定要用牡蛎来做烩饭。处理牡蛎的要点是不要过度加热，如果过度加热，牡蛎的肉质就会变硬，美味也会减半。烩饭是从米开始制作的，所以需要工序和时间。通常餐厅都会事先把米加热到一定程度备用，这样就可以实现快速上菜。如果在制作的时候能注意细节，用这种方法也能做出足够好吃的烩饭。使用这个方法，所需的时间和煮意面的时间几乎相同，因此可以将上菜的时机与其他的菜单保持一致。

食材　1人份

牡蛎（肉）*	6~7 粒
无盐黄油	30g
白葡萄酒	适量
烩饭半成品（→ P38）	70g
水	120~150mL
水芹（切碎）	2~3 根
盐、胡椒粉	各适量
帕尔玛干酪（出锅用）	20g
无盐黄油（出锅用）	10g

* 新鲜的牡蛎可以直接使用，但如果不太新鲜，可以撒少量的盐，揉搓混合，待脏东西洗出来、牡蛎变成黑色后，用流水冲洗干净即可。

制作方法

❶ 将牡蛎放入锅中。加入黄油，倒入白葡萄酒至牡蛎的八成处。加盖加热（图中为2人份）。

❷ 用大火加热至沸腾后转小火，加热至八成熟。用手指压一下牡蛎，能感觉到稍有弹力的程度。

⇧ 牡蛎不能过度加热。因为牡蛎和烩饭混合后还会加热，所以这里要控制火候。

❸ 在浅锅中倒入烩饭的半成品，加入1大勺❷的牡蛎煮汁。改用小火，颠动煎锅，混合均匀。

⇧ 在加水之前，先让米吸收含有美味的煮汁。

❹ 加水，用中小火煮几分钟。尝一下味道，用盐、胡椒粉调味。

⇧ 这里不要将水一次全部加入，要观察米的硬度，适量追加即可。

⇧ 注意，牡蛎的煮汁中含有盐分，所以不要让咸味过重。

❺ 如果过度搅拌，米就会被搅碎或出现黏度，所以混合时晃动煎锅即可。

❻ 试着尝一下米，还留有一点点硬芯的硬度，水分适度煮浓就可以了。转用小火，加入❷的牡蛎。

❼ 将米和牡蛎混合均匀，加热至牡蛎回温。确认味道后，加入出锅用的帕尔玛干酪和黄油，混合均匀。

❽ 加入水芹混合均匀，然后马上关火。

⇧ 牡蛎和水芹的味道十分搭配。出锅时加入水芹，可以防止香味和颜色的减淡，所以要马上关火。

❾ 晃动煎锅，混合均匀，装盘上菜。

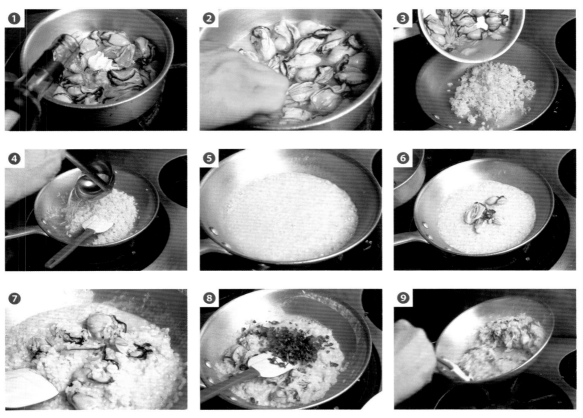

蚕豆戈贡佐拉奶酪烩饭

Risotto al Gorgonzola e Fave

虽然是只加入戈贡佐拉奶酪就能做出十分美味的烩饭，但我在里面加入了春季至初夏上市的蚕豆。将一半的蚕豆碾碎成粗粒混入烩饭中，可以使奶酪的强烈香味变柔和，给人温和的印象。因为利用了事先准备好的半加热状态的半成品，短时间内就可以完成上菜。另外，戈贡佐拉奶酪四周的褐色部分聚积了香味和美味，所以我想可以充分利用，无须扔掉。

食材　1人份

蚕豆·······················	4~5 豆荚
烩饭半成品（→P38）···········	70g
水·······················	120~150mL
盐·······················	适量
戈贡佐拉奶酪······················	30g
牛奶······················	40mL
帕尔玛干酪（出锅用）···········	20g
无盐黄油（出锅用）···········	少量

制作方法

❶ 将蚕豆从豆荚中取出，加盐水煮熟后剥皮。

⇧ 刚刚从豆荚中取出的蚕豆风味特别好，所以一定要选择有豆荚的蚕豆。

❷ 一半的蚕豆出锅时使用，剩余的蚕豆粗略切一下后，用刀腹压成粗粒，形成酱状。

⇧ 如果一次性多做出一些备用，可以使用食物料理机，更加方便。蚕豆需保留颗粒感，不要搅打得过于柔滑。

❸ 在浅锅中放入烩饭半成品和水。水的量调节至刚刚没过米的程度，加入少量的盐，开火加热。

⇧ 利用准备好的烩饭半成品，可以提高速度。

❹ 米沸腾后，加入❷的蚕豆酱，混合均匀。

⇧ 因为不想给米加入多余的热量，所以出锅前的动作要迅速。

❺ 加入撕碎的戈贡佐拉奶酪。

❻ 直接煮奶酪很难煮化，加入牛奶就容易多了。牛奶还可以增加细腻的浓郁香味。一边用橡胶铲将奶酪搅碎煮化，一边混合均匀。

❼ 颠锅，混合均匀。

⇧ 注意，如果过度用橡胶铲搅拌，米会碎掉，而且容易产生黏度。

❽ 确认米的硬度和味道，加入出锅用的帕尔玛干酪和黄油，关火，用余温加热混匀。

⇧ 因为不想给米加入多余的热量，所以出锅时关火，用余温操作。

❾ 最后加入另一半蚕豆，混合均匀。装盘上菜。

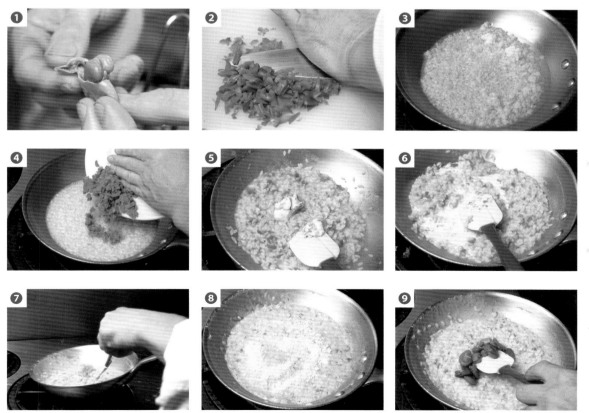

蔬菜浓汤

Zuppa di Verdura

在意大利，汤和意面、烩饭相同，属于头盘。这里介绍的是简单而标准的蔬菜浓汤，虽然也有利用肉汁的菜谱，但只用蔬菜也能充分吊取美味。因此，先用多种蔬菜制作蔬菜酱（soffritto），打好美味的基础，然后加入白葡萄酒和去皮整番茄罐头充分煮浓，最后用豆子的泥、奶酪、橄榄油使之浓郁，这些都是制作美味浓汤的关键。

食材　约 15 人份
蔬菜酱（soffritto）

胡萝卜（切小块）…………	1/2 根
洋葱（切小块）……………	1 个
芹菜（切小块）……………	2 根
橄榄油 ……………………	30mL
皱叶甘蓝…………………	1/4 个
生菜………………………	4 片
茄子（切小块）……………	2 个
西葫芦（切小块）…………	1 根
土豆（切小块）……………	1 个
香菇………………………	6~7 朵
白葡萄酒…………………	100mL
去皮整番茄罐头（和汁一起搅碎）	
………………………	100mL
水…………………………	3L
盐、胡椒粉………………	各适量
红芸豆（水煮罐头）* ……	100g

出锅用（1 人份）

帕尔玛干酪 ………………	10g
特级初榨橄榄油 …………	15mL

* 也可以用日本产的金时豆或白芸豆代替红芸豆。

制作方法

❶ 将洋葱、胡萝卜、芹菜切成小块，用橄榄油慢慢翻炒，制作蔬菜酱。

⇧ 蔬菜切小块前，先用刀腹拍碎，使纤维断裂散出香味。

⇧ 因为需要费些时间，所以在制作蔬菜酱的同时可以切其他蔬菜，这样就不会浪费准备时间了。

⇧ 蔬菜酱的作用是替代肉汁。慢慢翻炒，充分吊取美味。

❷ 将茄子、西葫芦、土豆切成和制作蔬菜酱时相同的小块，叶类蔬菜也切成相同的块。香菇用手撕开，使香味散出。将❶的蔬菜酱充分炒熟后，加入这些蔬菜。

⇧ 可以根据季节变换，尽量多使用不同种类的蔬菜。

❸ 晃动锅，使蔬菜均匀受热，淋入油后，加入白葡萄酒。开始时随着红葡萄酒蒸发会发出声音，慢慢就会平静下来。将所有食材混合均匀，让白葡萄酒的水分完全蒸发。

❹ 加入去皮整番茄罐头，充分搅拌均匀。最初也会听到声音，之后慢慢平静下来。

❺ 直到锅的内侧或蔬菜表面出现淡淡的烤色，水分就已经完全蒸发，并且浓缩了美味。

⇧ 这时的烤色决定了浓汤的颜色和美味的元素。

⇧ 在炒好的蔬菜中加入白酒和去皮整番茄罐头后，每次都要让水分完全蒸发，这是炖煮料理不变的原则。

❻ 加入 3L 水。大火加热至沸腾后，用中小火炖煮。这里要用盐和胡椒粉码底味。不时搅拌一下，大约炖煮 1 小时。

⇧ 因为是底味，大约是最终味道的一半而已。

❼ 一直炖煮至蔬菜有一点点碎为止。汤中充满了蔬菜的美味，尝一下味道。

❽ 将一半的红芸豆用食物料理机搅打成泥状。如果直接倒入锅中很难搅散，可以先用少量汤稀释后再加入锅中。慢慢炖煮，用盐、胡椒粉调味。

⇧ 关火，放置半天至一夜会更加入味，更加好吃。

❾ 客人下订单后，取 1 人份加入煎锅中。加入少量剩余的红芸豆，再次加热，加入帕尔玛干酪混合均匀。

❿ 如果想让汤更加浓郁，可以加入特级初榨橄榄油混合均匀。装盘上菜。

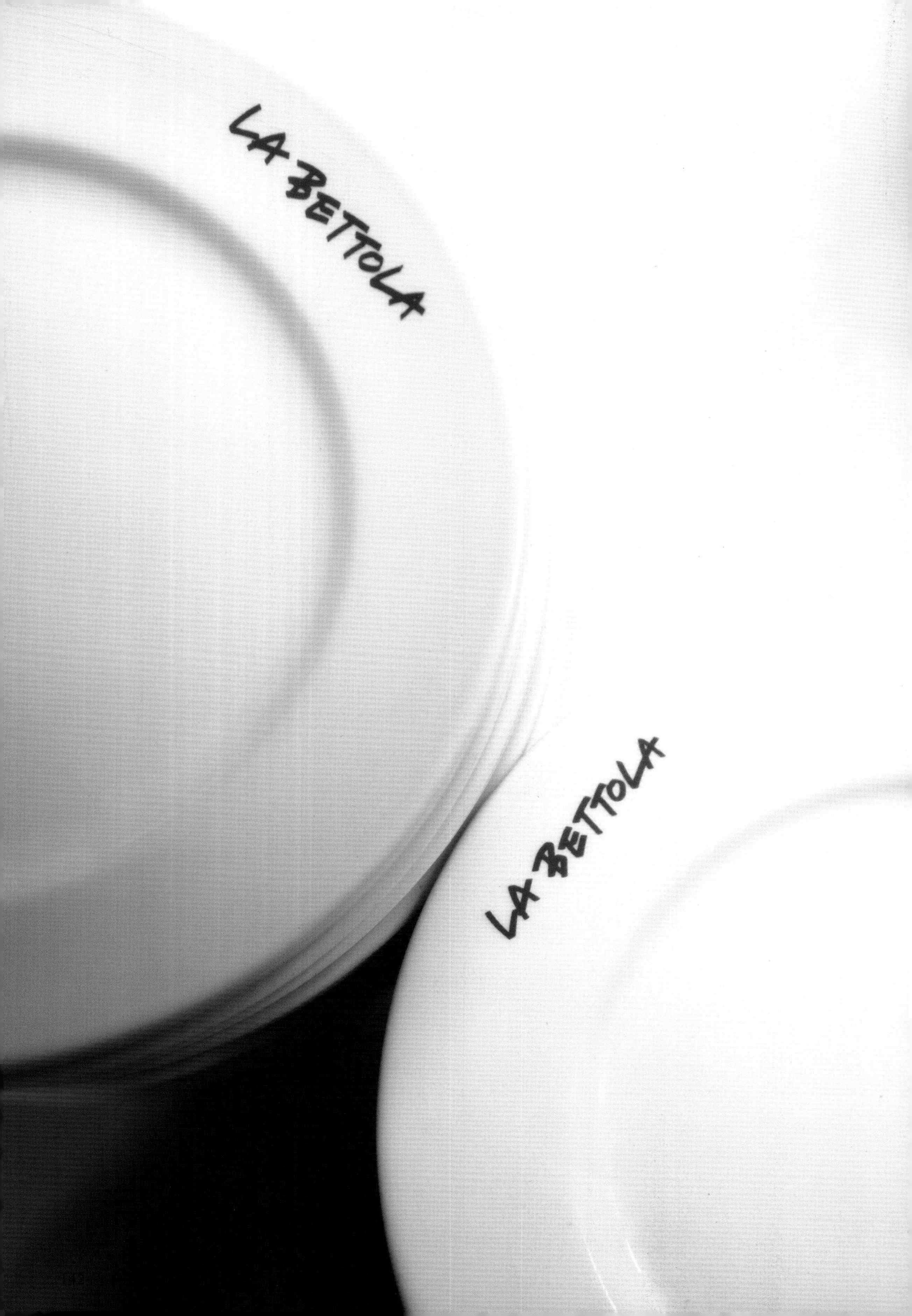
LA BETTOLA
LA BETTOLA

第四章

主菜

"secondo piatto" 在意大利语中是第二盘的意思，是接续在意面等头盘后面的主菜。主菜由鱼贝料理和肉料理构成，汇集了煎烤、黄油面拖、嫩煎、烤肉、炖煮等各种方法。结合套餐的流程，把握菜品的时机，将刚刚出锅的酥脆鲜嫩、热气腾腾的美味料理端至客人面前吧！

secondo piatto

煎鱼配番茄沙司

Spigola alla Griglia con Salsa Pomodoro

新鲜优质的鱼只需要简单地煎烤一下就已经十分好吃了。但仅仅是烤鱼的话，很难体现出餐厅料理的独特。这时，可以在沙司和摆盘上下功夫，试着加入一些独具匠心的安排吧。这里为煎鱼搭配了加入生奶油的番茄沙司。即使使用相同的鱼与相同的沙司，只要改变一下配菜，也能成为一道与众不同的料理。以此为例，介绍使用番茄沙司和鲈鱼的3种变化。只要稍稍下点功夫，将料理升级或加以改进，就能得到不错的变化。

食材　1人份

白肉鱼（鲈鱼）* …… 1块（80g）
盐、胡椒粉、高筋面粉…… 各适量
色拉油………………………… 20mL

番茄的奶油沙司（4人份）

番茄沙司（→P27）**

　………… 300mL（过滤前）

无盐黄油 ………………… 20g

高筋面粉 ………………… 1小勺

生奶油 ……………… 40~50mL

芹菜、胡萝卜、西葫芦（分别切条）

　……………………… 各少量

胡葱（切小段）…………… 少量

* 使用应季的白肉鱼。
** 使用常备的番茄酱即可。如果快速制作少量的番茄酱，可以参考P27。

制作方法

❶ 制作番茄奶油沙司。在盆中混合黄油和高筋面粉。

⇧ 加高筋面粉可以使沙司黏稠。

❷ 将番茄沙司过滤后加入锅中，稍稍煮浓一些使水分蒸发。取少量沙司加入❶的盆中，混合柔滑后再倒回锅中，混合均匀。

⇧ 浓度近似更容易融合。

❸ 番茄沙司黏稠后，一点一点加入生奶油，混合均匀。用盐、胡椒粉调味即可出锅。

⇧ 加入生奶油后，保持小火，不要使其沸腾。

❹ 用盐水焯西葫芦、胡萝卜、芹菜，保留爽脆的口感。将蔬菜加入❸的沙司中混合均匀。

❺ 煎烤之前，在鲈鱼背上打浅浅的花刀。撒上盐、胡椒粉，涂抹一层薄薄的高筋面粉。在煎锅中加热少量色拉油，鱼皮向下煎烤。为了不让鱼肉卷曲，立即在鱼肉上压上重物（几个煎锅也可）继续煎烤。如图中一样鱼肉周围受热变白后翻面。

⇧ 压上重物就可以使鱼肉均匀受热，并且出现均匀、漂亮的烤色。

❻ 将背面稍稍煎烤。也可以在倒掉多余的油后放入烤箱加热。在盘中舀入❸的沙司，周围均匀撒上蔬菜。将鲈鱼盛在盘子中间，撒上胡葱即可。

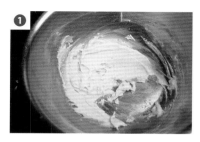

secondo piatto

鱼贝

煎鱼配海胆沙司

Pesce alla Griglia con Salsa RimLio

简单的煎鱼，更换了搭配的沙司，马上变成完全不同的料理。这里搭配了奢侈的海胆沙司，它可以用于各种料理中，很百搭，与意面也十分相配。重点是注意不要过度加热，造成海胆的风味流失。在加入海胆前可以进行菜品的准备工作，所以只要结合料理出锅的时机加入海胆就可以了。另外，煎烤带皮的鱼时，最好将皮煎得酥脆焦香。作为省时的方法，我会详细说明压重物煎烤的技巧。

食材　1人份

白肉鱼（鲈鱼）*　…1块（70~80g）
盐、胡椒粉、高筋面粉、色拉油
　………………………………　各适量

海胆沙司

蒜（切碎）………………………　少量
橄榄油……………………………　适量
去皮整番茄罐头（和汁一起搅碎）
………………………………………1 小勺
白葡萄酒　………………………　15mL
生奶油　…………………………　100mL
生海胆**………1 大勺（约 30g）
无盐黄油（出锅用）…………　10g
胡葱（切小段）…………………　适量

* 白肉鱼选择应季可以买到的就可以。鱼肉并不肥美的秋冬季节，可以选用冬季的六线鱼或养殖、进口的鲷鱼等。将鱼切块时应防止鱼皮收缩。

** 如果作为意面沙司使用，可以增加海胆的量。

制作方法

❶ 制作海胆沙司。用橄榄油加热蒜，但无须上色，然后加入去皮整番茄罐头。

⇧ 蒜带皮压碎，去皮后再切碎，快捷简单。

❷ 加入白葡萄酒，一边混合一边加热，使水分蒸发。

❸ 待❷煮浓后加入生奶油。

❹ 用小火加热，以防烧焦。加入 1 小撮盐调味。到这里，沙司的准备工作就做完了。

⇧ 注意生奶油不要烧焦。

❺ 在准备好的鱼块两面撒上盐、胡椒粉，薄薄地粘一层高筋面粉。

⇧ 这个操作必须在煎烤前进行，并且充分擦干鱼表面的水。

❻ 在煎锅中加热色拉油，鱼皮向下煎烤。为了让鱼肉保持平整的状态，在鱼肉上压上几个煎锅继续煎烤。

❼ 带皮的鱼受热后会因为皮的收缩而卷曲，这样加热不均匀，样子也不好看。为了使煎好的鱼肉平整，煎烤时通常用铲子压住鱼肉，用压煎锅的方法（如图所示）就十分方便。

❽ 如图中一样，煎烤至皮的边缘焦香，鱼肉八成熟时就可以拿掉重物了。翻面再煎烤一下鱼肉。

❾ 加工沙司。将准备好的❹的沙司按人数分开，加热，加入海胆。

❿ 马上关小火，将海胆稍稍打碎一点，使其快速融合在沙司中。将沙司倒进盘子中，然后盛入❽的鱼。撒上胡葱。

⇧ 因为海胆生食的风味更好，所以绝对不能过度加热。加入海胆后转小火，或关火用余温加热即可。

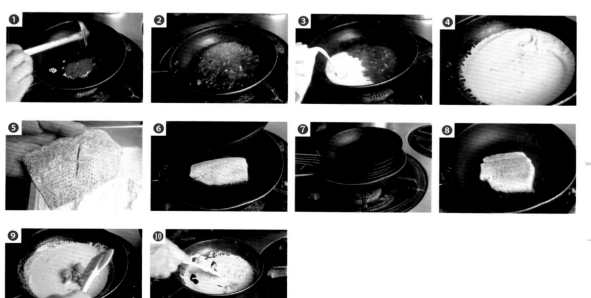

鱼贝

香草煎鱼

Pesce alla Griglia

煎烤一条完整的鱼，不但简单，而且是一道豪爽的菜。可以根据当天采购情况调整鱼的种类，利用香草和蒜的香味，将鱼在煎锅中煎烤至焦香就可以上菜了。带头的鱼和鱼块不同，烤制时比较费时间，这是一个难点。想要将鱼煎烤得好吃，必须全神贯注地烹调，但还要结合客人的要求适时地上菜，这也很难。这里介绍烤至中途，能在上菜前短时间内就做好出锅的方法。

食材　1人份

鲗鱼 *	1 条
盐、胡椒粉、高筋面粉	各适量
蒜	1 瓣
迷迭香、牛至、鼠尾草 **	各 1 枝
色拉油	适量
意大利芹菜（切大块）	适量

配菜

柠檬	1/4 个
煮熟的土豆	适量

* 准备石鲈、菖鲉、六线鱼、红金眼鲷、鲂鮄、鲢鱼等，可以在煎锅中整个煎烤的尺寸适当的鱼。

** 使用新鲜的。也可以不使用这里所说的3 种，按喜好放入 1~2 种香味也很充足。

制作方法

❶ 用刀尖将鲟鱼表面的鱼鳞刮掉。从肛门向腹部横向切开。

⇧ 刮鱼鳞时可以在水槽中冲着水进行，这样就不会向四周飞溅了。

❷ 将鱼竖起，腹部向上，从鳃的下侧入刀，切开鳃的根部。

❸ 用手指将鱼鳃拉出去除。再从腹部的切口中拉出内脏去除。用流水将血和脏东西等冲洗干净。

⇧ 去除鳃后更容易取出内脏。

❹ 用厨房纸巾吸干水分，在鱼的两面分别切2刀花刀，在鱼的全身（包括腹中）撒盐、胡椒粉。

⇧ 切花刀更易于受热均匀。

⇧ 然后在鱼的全身薄薄地涂抹高筋面粉，能使鱼煎烤得酥脆，所以要将鱼腹中的水也完全吸干。

⇧ 如果准备工作到水洗为止，要将撒盐、胡椒粉与后面的工序一起进行。

❺ 均匀地涂满高筋面粉。用手拍掉多余的粉。

❻ 在煎锅中放入色拉油、碾碎的蒜、香草、鲟鱼。趁着油还没有变色，将煎鲟鱼上菜时朝上的那一面向下放入煎锅中。

❼ 香草的香味飘出来后，为了不烧焦，马上和蒜一起填入鱼的肚子里。

❽ 不能直接贴在煎锅上的鱼头部分很难受热。倾斜煎锅，使不容易受热的部分浸在油中，重点煎烤。

⇧ 锅在晃动的时候很容易将鱼尾部折断，要特别小心。

❾ 出现烤色后翻面，用相同的方法煎烤。如果需要马上上菜，要将鱼完全煎熟。如果是备用，鱼身出现烤色后就可以从煎锅中取出了。

❿ 上菜前6~7分钟，在烤盘中倒入橄榄油，将鱼放在烤盘中用炉火加热。烤盘热了后，直接放入烤箱烤一会儿。装盘，放上煮好的土豆和柠檬，撒上意大利芹菜。

⇧ 如果烤盘凉着放进烤箱，则烤制很费时间。

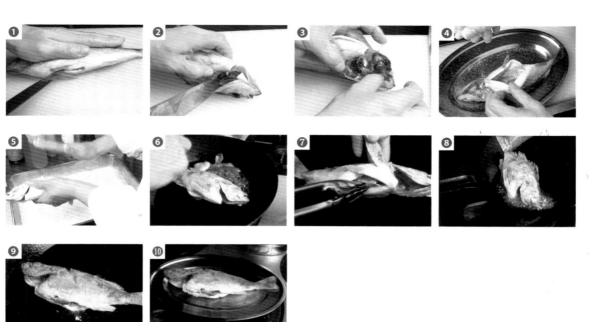

鱼贝

盐烤鲷鱼

Orata al Sale

这道料理是将一条完整的鲷鱼用岩盐包裹后蒸烤的，在意大利十分常见。不但做法简单，而且烤熟时的豪爽感十分受食客喜欢。另外，像鲷鱼一样的白肉鱼直接加热容易散碎，反而是慢慢蒸烤能保持鱼肉完整和软嫩。虽然在盐中混合蛋白更容易包裹，并且能使鱼肉柔滑漂亮，但这里却不混合蛋白，而是直接使用混合了香草的岩盐。岩盐使香草的香味转移至鱼肉中，味道更加朴素。

食材　1~2 人份

鲷鱼 * ················· 1条（约350g）

岩盐·························· 适量

蒜（切大块）·················1瓣

迷迭香、鼠尾草、百里香（分别切碎）** ··················· 各2枝

意大利芹菜（切大块）········ 适量

特级初榨橄榄油·············· 适量

柠檬······················· 适量

* 准备新鲜的鱼。

** 几种香草要使用新鲜的，而不是干燥品。除了香草，还可以组合意大利芹菜、罗勒等个人喜欢的香味蔬菜来使用。

制作方法

❶ 准备鲷鱼。不用去鳞，直接使用即可。将鱼腹部向上，从鱼鳃的下侧入刀，切开内部鱼鳃的根部。用手指将鱼鳃拉出去除。

❷ 将鲷鱼横向侧放，从❶的鱼鳃切口处入刀，切开鱼腹。将内脏去除，用流水冲洗干净后擦干水分。

❸ 香草类粗略切碎。为了香味更好的发散，将蒜用刀背碾碎后切大块。全部放入盆中。

⇧ 香草不要切得过细，烤制时大片的香草不容易流失香味。

❹ 加入岩盐，充分混合均匀。

❺ 准备一个能完全放入鱼的大烤盘或耐热器皿。先少量平铺放入香草、岩盐，然后放上鱼。再将岩盐盖在鱼上。

⇧ 注意器皿的尺寸。一定要将鱼完全放入并留有空余。

❻ 头和身体上肉厚的部分加热比较费时间，薄薄地铺一层岩盐即可。用预热至200℃的烤箱烤制约30分钟。

⇧ 可以将岩盐在鱼身上稍稍压一下，如果盐总是滑落，可以混合少量水，使岩盐凝结在一起。

❼ 盐的表面出现烤色差不多就到时间了。如果不确定是不是完全熟透，可以在从烤箱中取出鱼后，用余温再稍稍加热一会儿。

❽ 将烤好的鱼端给客人过目后将鱼分解。先沿着鱼的四周用叉子敲打岩盐并插入盐中。从一边将岩盐全部去除。

❾ 粘在鲷鱼上的岩盐要尽可能地全部去除，只将鱼盛到别的盘子中。沿着鳃划开，将鱼头取下。然后用叉子拉出背鳍并去掉。

❿ 从腹部的切口处将鱼皮揭开，取出鱼肉。沿着中骨插入叉子，将一半的鱼肉另装盘，注意不要把鱼肉弄碎。将鱼翻面，另一半鱼肉也用相同方法另装盘。撒上意大利芹菜，淋入特级初榨橄榄油，放上柠檬即可上菜。

黄油面拖魟鱼配蒜香番茄沙司

Razza alla Mugnaia con Salsa Pomodoro

因为地域的原因，魟鱼并不被大家熟知，好像也没有很积极地使用它。魟鱼肉含有很多明胶，肉质柔软而清爽，价格也很便宜，是意想不到的重要食材。这里介绍的做法，是将魟鱼两面粘上面粉烤至香酥，再淋入简单的番茄沙司。魟鱼肉没有突出的个性，所以作为亮点在沙司中加入了蒜香。

食材

水煮用

魟鱼鳍 *	适量
盐、葡萄醋 **	各适量
洋葱（切薄片）	适量
胡萝卜（切薄片）	适量
芹菜（切碎）	适量

（以下为 1 人份）

魟鱼鳍（水煮的）	约 1/4 片
盐、胡椒粉、牛奶、高筋面粉	各适量
色拉油	20mL
无盐黄油	20mL
白葡萄酒	15mL
蒜	1/2 瓣
番茄沙司（→ P27）	100g
水	少量
无盐黄油（出锅用）	10g
意大利芹菜（切大块）	适量

* 魟鱼鳍最重要的就是鲜度。即使只有一点点异味也不可以使用。

** 白葡萄醋或红葡萄醋都可以。

152

制作方法

❶ 将魟鱼用水焯一下。洋葱和胡萝卜切薄片，芹菜用刀拍碎后切成适当长度。

❷ 在大锅中煮水，沸腾后放入盐、葡萄醋、❶的洋葱、胡萝卜、芹菜、魟鱼。

❸ 再次沸腾后，去除表面的浮沫，关火。用余温慢慢加热，放置至冷却。

⇧ 放入魟鱼后就不能再将水煮沸了，因为魟鱼肉质柔软，很容易碎。

❹ 完全冷却后，将魟鱼取出，放到大平盘中。在冰箱中冷藏，使用前取出即可。

⇧ 因为魟鱼中明胶含量丰富，肉质柔软，很难直接保存。水煮后再充分冷却，肉就会变硬了。

❺ 将魟鱼切分成 1 人份后，两面撒上盐、胡椒粉，再蘸满牛奶，腌制 5 分钟。

⇧ 蘸牛奶后美味会增加，而且表面烤色漂亮，口感香酥。

❻ 在魟鱼表面涂满高筋面粉。将色拉油和黄油加入煎锅中加热后，放入魟鱼。

⇧ 最初油的温度较低，不会出现烤色。加热至黄油熔化，听到"啪啪"的声音为止。

❼ 出现烤色后翻面。可以这样连续煎烤，也可以放入烤箱中烤 2~3 分钟。

❽ 在背面出现烤色后，从煎锅四周淋入白葡萄酒。用大火使葡萄酒的酒精挥发，增加魟鱼的美味。

❾ 先将魟鱼盛出装盘，在空的煎锅中加入少量色拉油，放入切碎的蒜加热。

❿ 飘出蒜香后，加入番茄沙司和少量的水。稍稍煮浓一会儿，用盐、胡椒粉调味，出锅时加入黄油混合均匀。将蒜香沙司倒在盛好的魟鱼上，撒上意大利芹菜。

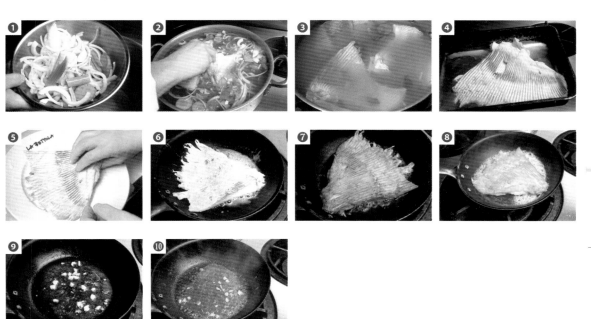

鱼贝

那不勒斯风味煎鮟鱇鱼

Coda di Rospo alla Napoletana

从冬季到初春都能买到鮟鱇鱼，肉质柔软，十分易熟。无须放入烤箱中烤制，所以最大的优点就是制作方法简单。鮟鱇鱼清淡的味道适合搭配番茄沙司等个性强的沙司。那不勒斯风味（alla Napoletana）这个词经常用来作为使用番茄、蒜、海蜒、橄榄制作的料理的名字。所用食材与本书之前介绍过的烟花女（puttanesca）沙司（P27）相同，但风味却完全不同。如果需要快速制作，可以事先把沙司一起做好，直接使用即可。

食材　1人份

鮟鱇鱼（鱼尾部分）⋯⋯⋯⋯⋯ 2 块
盐、胡椒粉、高筋面粉⋯⋯⋯ 各适量
橄榄油⋯⋯⋯⋯⋯⋯⋯⋯⋯⋯ 适量
蒜⋯⋯⋯⋯⋯⋯⋯⋯⋯⋯⋯⋯ 1 瓣
迷迭香⋯⋯⋯⋯⋯⋯⋯⋯⋯⋯ 1 枝
黑橄榄* ⋯⋯⋯⋯⋯⋯⋯⋯⋯ 5~6 粒
刺山柑（切大块）⋯⋯⋯⋯⋯ 5g
海蜒⋯⋯⋯⋯⋯⋯⋯⋯⋯⋯⋯ 1 片
白葡萄酒⋯⋯⋯⋯⋯⋯⋯⋯⋯ 15mL
去皮整番茄罐头（和汁一起搅碎）
　或番茄沙司⋯⋯⋯⋯⋯⋯⋯ 100mL
水⋯⋯⋯⋯⋯⋯⋯⋯⋯⋯⋯⋯ 少量
意大利芹菜（切大块）⋯⋯⋯ 少量
特级初榨橄榄油⋯⋯⋯⋯⋯⋯ 适量

*用刀将黑橄榄压碎，去核后切大块。

制作方法

❶ 处理鮟鱇鱼。首先在皮上切口。

❷ 从切口处揭开鱼皮向下翻，一手紧紧地攥住鱼肉，另一手将鱼皮向尾部拉下并去除。

⇧ 将鱼皮煮至柔软后，可以切碎放进沙司中，或另外制作沙拉时使用。

❸ 鱼肉的正面和反面都有鱼鳍，从根部入刀后将鱼鳍切下。

❹ 将鱼肉切成厚2cm的圆盘形。2块为1人份。

⇧ 鮟鱇鱼的鱼骨柔软，所以无须用鱼刀，只用普通菜刀就可以轻松地切开。

❺ 在四周的薄膜上切几个小口。煎烤之前，两面撒盐、胡椒粉，轻轻粘上高筋面粉。

⇧ 在薄膜上切口后，可以防止因薄膜收缩导致的鱼肉卷曲。

❻ 在煎锅中加热橄榄油，放入❺的鮟鱇鱼。在煎锅的空隙中，放入碾碎去皮的蒜和迷迭香，继续煎烤，使香味进入鱼肉。

❼ 出现烤色后翻面。取出蒜、迷迭香，倒出一点点煎锅中的油，淋入白葡萄酒。

❽ 稍稍煮浓一会，使水分蒸发，加入黑橄榄、海蜒、刺山柑。在煎锅中，一边将海蜒搅碎，一边将所有食材混合均匀。

❾ 放入去皮整番茄罐头（或番茄沙司），和少量的水。用盐、胡椒粉调味。稍稍煮浓一会儿，使鮟鱇鱼入味。

⇧ 调味的胡椒粉可以多放一些，但因为海蜒中含有盐分，所以盐要少放一点。

❿ 放入意大利芹菜和在❼中取出的蒜和迷迭香。先盛出鮟鱇鱼。在沙司中加入橄榄油充分混合，直到乳化至柔滑，沙司黏稠后浇在鮟鱇鱼上。

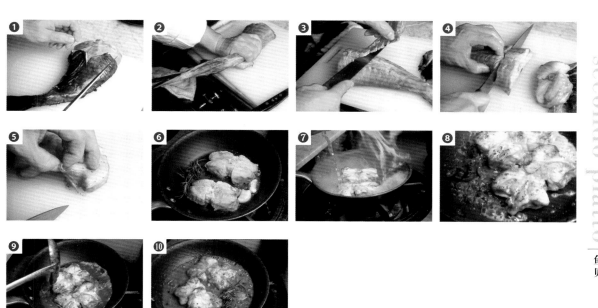

鱼
贝

烤土豆盖鱼肉

Pesce Arrosto con Patate

将切好的鱼肉稍煎一下，然后和土豆、番茄一起重叠摆放，最后放进烤箱中烤熟。组合很简单，但是食材十分相配，朴素的味道充满魅力，口感出乎意料的好。土豆不容易入味，所以要用盐、胡椒粉、香草充分码底味。鱼使用了石鲈，除此之外还可以使用海鲂等小型白肉鱼。肉质紧密即可，不限制种类。

食材　1人份

白肉鱼（石鲈）⋯⋯⋯⋯⋯⋯1 条
盐、胡椒粉、高筋面粉⋯⋯　各适量
土豆（五月皇后 May Queen）
⋯⋯⋯⋯⋯⋯⋯⋯⋯⋯⋯1 个
洋葱⋯⋯⋯⋯⋯⋯⋯⋯⋯ 1/4 个
橄榄油⋯⋯⋯⋯⋯⋯⋯⋯　少量
香草酱（→ P31）*⋯⋯⋯⋯　少量
葡萄醋（白或红）⋯⋯⋯⋯5mL
白葡萄酒⋯⋯⋯⋯⋯⋯⋯ 30mL
帕尔玛干酪⋯⋯⋯⋯⋯⋯⋯1 小勺
无盐黄油⋯⋯⋯⋯⋯⋯⋯　少量
番茄（切薄片）⋯⋯⋯⋯⋯4 片
番茄沙司（→ P27）⋯⋯⋯　少量
帕尔玛干酪、面包屑、意大利芹菜（切
　大块）⋯⋯⋯⋯⋯⋯⋯　各适量

*将迷迭香、鼠尾草、百里香等香草切碎后浸在橄榄油中。方便保存，使用范围很广。

制作方法

❶ 准备土豆。将焯水后还是硬的土豆去皮，切成 1~2mm 厚的片。将洋葱切成薄片。将土豆片和洋葱片放入盆中，加入盐、胡椒粉、香草酱、橄榄油混合均匀。

⇧ 土豆生着也可以用，但事先煮一下能缩短烤制时间。

⇧ 盐和胡椒粉要多撒一些。

❷ 将石鲈片成 3 片。去皮，用骨钳拔出鱼肉中的刺。

⇧ 因为石鲈的骨头很硬，所以片的时候要小心。拔刺时要仔细地去除干净。

❸ 在石鲈的两面撒上盐、胡椒粉，薄薄地抹一层高筋面粉。煎锅中倒入橄榄油，放入鱼，煎烤两面。出锅时加入白葡萄酒，水分蒸发的同时，鱼肉也变硬了。

⇧ 让水分充分蒸发，浓缩美味。

❹ 在耐热容器中铺少量❶的土豆，放上煎烤好的石鲈。

⇧ 石鲈不要直接接触耐热容器，要放在土豆上。

❺ 在❸的煎锅中倒入白葡萄酒，加热。撒入盐、胡椒粉，加入帕尔玛干酪，晃动煎锅，混合均匀并加热。

❻ 帕尔玛干酪慢慢溶解，形成黏稠的沙司状。出锅时加入黄油煮化，增加浓度和浓郁的风味。

❼ 在❹的石鲈上淋入沙司。

❽ 将剩余土豆的一半盖在鱼肉上，再盖上切成薄片的番茄。撒入少量盐。

❾ 盖上剩余的土豆，撒上磨碎的帕尔玛干酪和面包屑。用预热至 200℃的烤箱烤制。

❿ 烤至表面出现薄薄的烤色时，在四周淋上番茄沙司。再次放入烤箱，烤出焦香的烤色。撒入意大利芹菜后上菜。

⇧ 刚出锅时就淋入番茄酱会烤焦。

鱼贝

白葡萄酒风味长脚虾

Scampi al Forno con Vino Bianco

这道料理使用的是整只长脚虾（藜虾），长长的钳子看起来十分有气势。长脚虾肉质柔软、甜美，简单地煎烤一下就很好吃，这里将介绍搭配酸甜沙司的做法。只需要一口煎锅，步骤也很简单，难点是沙司煮浓的火候。不能清汤寡水，也不要煮黏稠，恰到好处才不会破坏虾的鲜美。注意不要把虾煮得过火。

食材　1人份

长脚虾 * ··························2 只	砂糖···················· 1 小撮	* 根据季节不同，有日本产、南半球（新西
盐、胡椒粉·············· 各适量	意大利芹菜（切碎）·········· 适量	兰、澳大利亚）产以及冰鲜品、冷冻品等各
柠檬汁················ 1/4 个量	无盐黄油·············· 少量	种品类的长脚虾。这里使用的是新西兰产的
白葡萄醋、橄榄油········ 各 20mL **		冷冻长脚虾。
白葡萄酒················ 60mL		** 分别与柠檬汁的量大致相同即可。

制作方法

❶ 将长脚虾背部向上，将刀刺入头部的连接处，顺势落刀，将虾头切成两半。

❷ 调转长脚虾的方向，沿着头部的刀口，将身体切分。不要将下部的壳切断，一直切到虾尾，打开虾壳和虾肉。

❸ 虾头的上方有沙袋（黑色的小块）。沙袋口感不好，用手指将其取出。

❹ 再去除背部中间的沙线。

❺ 将长脚虾虾肉朝上，并排摆放在煎锅中，在虾肉上轻轻撒入盐和胡椒粉。

❻ 稍稍倾斜煎锅，在煎锅空余的部分加入白葡萄酒、白葡萄醋、柠檬汁、橄榄油、砂糖、盐、胡椒粉。

⇧ 这是沙司的原料，所以不要直接淋在长脚虾上。

❼ 在长脚虾上撒入意大利芹菜。晃动煎锅，混合沙司的原料并加热。沙司沸腾后，将煎锅放入烤箱中加热 1~2 分钟。

❽ 如图中一样，虾肉完全变白就可以停止加热了。马上将煎锅从烤箱中取出，将长脚虾装入盘中。

⇧ 注意，如果过度加热，虾肉就会变硬。要使虾肉柔软多汁，甜美可口。

❾ 用剩余的汤汁制作沙司。加热煎锅，一边搅拌一边煮浓。用盐、胡椒粉调味，加入少量黄油，一边煮化一边混合均匀。

⇧ 混合水分和油分，煮至浓稠。煮浓的火候是关键。

❿ 将沙司淋在长脚虾上，马上上菜。

⇧ 为了让客人能用手拿着虾壳大快朵颐，不要忘记提供洗手盅。

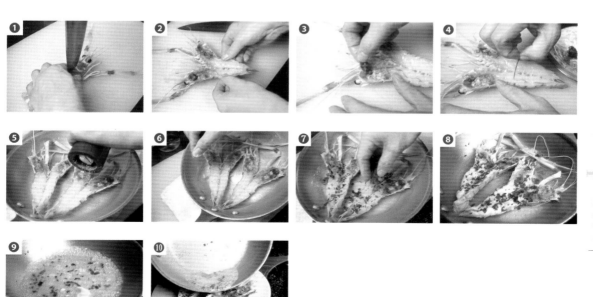

鱼贝

奶酪面包屑烤鱼贝

Frutti di Mare alla Pangrattata al Forno

将带壳的虾夷盘扇贝和长脚虾轻轻腌渍后，粘满加入奶酪的面包屑，烤至焦香。虽然烹调方法简单，却是十分诱人的料理。也是适合圣诞节或聚会的豪华料理。用番茄制作的番茄罗勒沙司充满新鲜感，应用广泛又方便。另外，奶酪面包屑可以事先制作一些保存起来，用于各种料理中，十分方便。每一种配料都是可以和其他料理共用的，完全不会浪费。

食材 1 人份

长脚虾······························1 只
虾夷盘扇贝（带壳）·············1 个

腌渍液

  意大利芹菜（切大块）······2 小撮
  蒜（切碎）···················· 1/2 瓣
  橄榄油 ···················· 30~40mL
  柠檬汁 ························· 1/2 个
  盐、胡椒 ····················· 各适量

奶酪面包屑（→ P39）··· 3~4 大勺
番茄罗勒（chemLa）沙司（→ P30）
································· 1 大勺
柠檬····························· 1/4 个
意大利芹菜（切大块）········ 少量

制作方法

❶ 将长脚虾纵向切成两半。首先按住虾头连接处，将刀尖从此处插入。

❷ 用力下刀，切开虾头。

❸ 身体部分也用相同的方法纵向切开。注意不要将腹部的虾壳切断。

❹ 将虾壳和虾肉打开。

❺ 头部上方有砂袋，需要去掉。一直拉至尾部，沙线便可以一起去除。将带壳的虾夷盘扇贝较平的一侧向上拿在手中，从右侧入刀，贝柱就可以揭开了。去除上壳和贝柱周围的肠子。

❻ 制作腌渍液。在平盘中撒入盐、胡椒粉，放入意大利芹菜和蒜，挤入柠檬汁。加入橄榄油，将所有食材混合均匀，形成浓稠状态。

❼ 将❺的长脚虾和带壳的虾夷盘扇贝浸泡在腌渍液中，最少浸泡 2~3 分钟。

⇧ 腌渍是为了码底味和提香，并且烤出来肉质鲜嫩多汁。但不要长时间浸泡，以免流失美味。

❽ 将长脚虾和虾夷盘扇贝的肉向上码在烤盘中。在虾夷盘扇贝上放入番茄罗勒沙司。

❾ 在长脚虾和虾夷盘扇贝的肉上放上奶酪面包屑，用预热至 220℃ 的烤箱烤制。奶酪面包屑上色并酥脆后取出。放在盘子里，撒入意大利芹菜，放入柠檬。

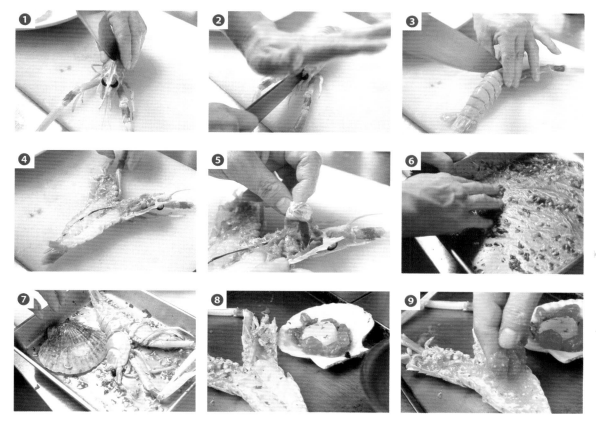

鱼贝

海鲜汤

Zuppa di Pesce

海鲜汤是使用丰盛的鱼贝类制作的意大利料理基础汤菜。将多人份的海鲜汤盛在大盘子中上菜，看起来十分奢华。所用鱼贝的种类没有特别规定，根据季节选择应季的食材即可。但一般的组合都是以一条完整的鱼为中心，搭配虾、乌贼和几种贝类，种类越多越美味。不过要注意，如果过度加热虾和乌贼，肉质容易变硬，所以一定要在制作中途再加入。

食材　3 人份

鲂鮄 *	1 条
乌贼（小个）	2 只
虾	6 只
蛤仔（带壳）**	150g
贻贝（带壳）***	150g
蒜	1 瓣
洋葱（切碎）	1/4 个
红辣椒	1/2 个
意大利芹菜（切碎）	少量
橄榄油	适量
白葡萄酒	200mL
去皮整番茄罐头（和汁一起搅碎）	600mL
特级初榨橄榄油	适量
盐、胡椒粉	各适量

* 带头烹调，去除内脏，在正面和背面斜向切花刀。
** 在盐水中浸泡，去掉沙子。
*** 拉掉黑绳状的东西，充分清洗干净。

（→ P79）

制作方法

❶ 将切碎的蒜用橄榄油加热，炒出香味。加入洋葱继续翻炒，加入意大利芹菜和红辣椒（去籽）。

⇧ 要选择一口能将鱼贝类完全码放下的大锅。

❷ 加入除乌贼以外的所有鱼贝类食材。平摊在锅中加热一会儿，倒入白葡萄酒。

⇧ 充分加热后加入白葡萄酒，加入白葡萄酒时要听到"吱啦"的声响。

❸ 虾变红后马上取出备用。

⇧ 注意不要过度加热。

❹ 中途将鲕鱼翻面，注意不要弄碎。继续加热。

⇧ 这时白葡萄酒刚好煮浓，浓缩了美味。

❺ 贝类的壳全部打开后，即可加入去皮整番茄罐头。再加入没过所有食材的水，加入盐、胡椒粉调味。

⇧ 如果想要防止贝类过度加热，可以在这时将贝类取出备用。

❻ 沸腾后，加盖炖煮 10 分钟。

⇧ 也可以在沸腾后放入烤箱中炖煮。

❼ 确认鲕鱼是不是完全熟透。

❽ 将乌贼拆解处理（→ P76）。身体切成圈，其他部分切成易于食用的大小。

❾ 用盐、胡椒粉给❼调味。将鲕鱼取出盛入盘中后，将乌贼和❸的虾放入锅中加热一会儿。

❿ 将所有的鱼贝类盛放在鲕鱼的四周。将煮汁淋在所有食材上，淋入特级初榨橄榄油，撒入意大利芹菜。可以按照喜好放入薄片烤面包。

鱼贝

魔鬼烤鸡

Pollo alla Diavola

将整只鸡展开后压重物烤熟，一道托斯卡纳地区和罗马地区经常制作的传统料理。名字的由来有很多种说法，其中一种是说展开的鸡肉看起来像展开斗篷的恶魔。但是，1只完整的鸡对于1人份来说过大了，所以选用半只重量500g左右的雏鸡最合适。因为是非常简单的料理，所以作为主料的鸡，一定要选择肉质鲜美的品种。压重是为了使鸡肉的厚度一致，快速烤熟。因为被结结实实地压起来，所以烤出来的鸡皮焦香酥脆。虽然开始加热后便不再需要其他工序，但判断烤制的火候还是有难度的。

食材　1人份

雏鸡（去内脏，1只450~550g）
·················· 1/2 只
盐、胡椒粉····················· 各适量
鼠尾草、百里香、迷迭香*
·················· 各2~3枝
蒜························ 1瓣
色拉油·················· 20mL
柠檬·················· 1/4 个

* 使用新鲜香草。这里使用了3种，可以根据喜好任意搭配。

制作方法

❶ 将鸡剖开。首先，将鸡的背部朝向自己，从鸡头连接处沿着背骨至尾部切一条刀口。拉住鸡头连接处，从肋骨上方入刀，将肉两边切开至尾部。

❷ 然后调转鸡的方向，将腹部朝向自己。从脖子处入刀，切至尾部。

❸ 从脖子处用手捏住鸡的半身，用力拉开，沿着❶、❷的刀口，将半身分开。

❹ 在鸡腿和鸡胸处入刀，将肉切开，将半只鸡摊平。在鸡翅处入刀，将肉切开，不要切掉，将鸡翅固定在前端。为了快速均匀加热，在肉厚的部分和关节处全部切入花刀。

⇧ 切花刀可以使鸡肉加热均匀，不但味道更好，也易于食用。

❺ 在鸡肉两面多撒一些盐和胡椒粉。

⇧ 特别是鸡皮一面，盐不易吸收，加热中容易流失，所以要多撒一些盐。

❻ 在煎锅中加入色拉油、蒜（带皮）、香草，加热一会儿，使香味进入油中。

❼ 取出蒜和香草，将鸡皮向下放入锅中。开大火加热。将刚才取出的香草和去皮的蒜放在鸡肉上。

❽ 在鸡肉上压上烤盘，放平，放上重物。将手边的铁制煎锅重叠放上即可。以这个状态慢慢烤制几分钟，从中火慢慢调节至小火。

⇧ 重物用什么都可以，只要足够重就可以。

❾ 烤制的火候通过肉汁和血的渗出情况、用手指按压时的弹力来判断。这道料理不翻面烤制。如图中这样鸡肉完全变白，肉汁澄清，基本就没有问题了。

❿ 这时，背面的鸡皮一定要出现焦黄的烤色。控油，将鸡肉盛入盘中，放上柠檬。

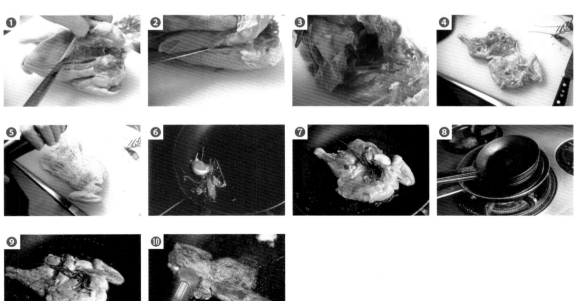

肉

烤鸡配羽衣甘蓝

Pollo Arrosto con Cavolo Verza

将鸡和羽衣甘蓝放在锅中蒸烤，出锅时烤制焦香。鸡肉的美味自不用说，羽衣甘蓝吸收了大量肉汁，也变得特别好吃。将食材放入锅中蒸烤，然后再放入烤箱中烤制即可，这是一道步骤十分简单的料理。鸡最好选择美味浓郁的柴鸡，卷心菜一定要选择羽衣甘蓝。羽衣甘蓝不论怎么炖煮都不会碎烂，并且会吸收大量的汤汁，是最适合炖煮的卷心菜。如果用普通的卷心菜会形成完全不同的味道，所以很难用其替代羽衣甘蓝。

食材　2人份

雏鸡（去除内脏，1只300g）*
　…………………………… 1 只
羽衣甘蓝…………………… 1/4 个
咸猪肉（切条）…………… 50g
橄榄油…………………… 30~40mL
白葡萄酒**………………… 300mL
盐、胡椒粉………………… 各适量

* 使用美味浓郁的鸡。
** 用料便宜的料理选用白葡萄酒即可。只不过，使用有个性的高级葡萄酒可以成为这道菜的特点。如果选用高级葡萄酒，可以在菜名前面冠以葡萄酒的名字。

制作方法

❶ 去掉羽衣甘蓝的芯，切成约 2cm 宽的大块。

❷ 将鸡从尾部入刀，先将腹部中间切开。

❸ 将鸡翻面，用相同方法将背部中间切开，将骨头和肉两等分。

❹ 在鸡的两面撒上盐、胡椒粉。

⇧ 内侧的骨头部分也同样撒入盐、胡椒粉。

❺ 在锅中倒入橄榄油，加入咸猪肉，炒出油脂至酥脆，不要炒焦，用中火慢慢转小火翻炒。

⇧ 因为直接在锅中蒸烤，所以要选择能平铺整鸡且不太深的锅。为了充分蒸烤，锅的大小十分关键，不宜过大。

❻ 将❹的鸡切口向下码在锅中。再在锅与鸡的间隙中填满❶的羽衣甘蓝。

❼ 倒入白葡萄酒至锅的一半高度，撒入盐。沸腾后加盖，放入预热至 180℃的烤箱中蒸烤。

❽ 蒸烤 30 分钟后鸡就完全熟透了，羽衣甘蓝也吸收了鸡肉的汤汁。至此，蒸烤结束。去掉盖子，再次放入预热至 220℃的烤箱中，烤至表面上色。

❾ 如图中一样，鸡皮上均匀地出现烤色即可。将鸡和羽衣甘蓝盛入盘中。

⇧ 可以事先蒸烤好，然后上菜前按人数分至小锅中，再放入烤箱中加热并烤出烤色。

肉

167

田园风烤鹌鹑

Quaglia Arrosto alla Campagna

这是一道用盐、胡椒粉将展开的鹌鹑调味后烤熟即可完成的简单烧烤菜。鹌鹑按照魔鬼烤鸡（P164）的要领展开、去骨成片。去骨比较费时，但处理好的鹌鹑用煎锅短时间就能烤好。配菜是用咸猪肉和洋葱炒的土豆。土豆中包含了烤鹌鹑的烤汁，美味浓厚。这是一道口感极其朴实的主菜。这里将鹌鹑的烤汁做成了沙司，其实烤鹌鹑与蘑菇酱（P35）也很搭配。

食材　1人份

鹌鹑	1只
盐、胡椒粉	各适量
橄榄油或色拉油	约20mL

配菜和沙司

土豆*	1个
口蘑（切薄片）	3朵
咸猪肉（切条）	30g
洋葱（切薄片）	1/8个
迷迭香	1枝
鹌鹑的高汤**	45mL
水	少量
橄榄油	适量
白葡萄酒	15mL
无盐黄油	15g
盐、胡椒粉	各适量

* 将带皮的整个土豆煮至稍硬。
** 将鹌鹑的骨架与香味蔬菜（胡萝卜、洋葱、芹菜等）一起炒制，加水煮成汤，再过滤即做成高汤。可以事先将骨架冷冻保存，需要时再一起煮成高汤，将高汤冷冻保存备用。

制作方法

❶ 将鹌鹑从背部切开，除琵琶腿和翅膀外，去掉所有的骨头，展开。在两面撒盐、胡椒粉。

❷ 在煎锅中加热橄榄油或色拉油，将鹌鹑从皮一侧开始烤制。

❸ 待鹌鹑全部出现烤色后翻面，用小火烤制。

⇧ 也可以直接放入烤箱烤制。

❹ 制作配菜和沙司。另起煎锅，倒入橄榄油，加入洋葱、咸猪肉，炒至透明。

❺ 炒熟后，加入口蘑翻炒，再加入迷迭香。

❻ 将煮至稍硬的土豆去皮，切成厚片。加入❺的煎锅中，翻炒一会儿，加入盐、胡椒粉调味。

⇧ 将土豆整个带皮煮可以防止煮碎和美味流失。

❼ ❸的鹌鹑烤熟后，盛入盘中。在煎锅里剩余的烤汁中，加入白葡萄酒煮浓。煮浓至与原来的烤汁分量大致相同后，加入鹌鹑高汤煮沸，倒入❻的煎锅中。

❽ 稍稍炖煮一会，煮开后即可关火。将土豆盛入盘中，放上事先取出的鹌鹑。

❾ 制作沙司。在煎锅中残留的烤汁中，加入少量黄油，煮化混合，形成沙司。如果煮得过浓，可以加入少量水稀释。用盐、胡椒粉调味。

❿ 将沙司淋在鹌鹑上即可上菜。

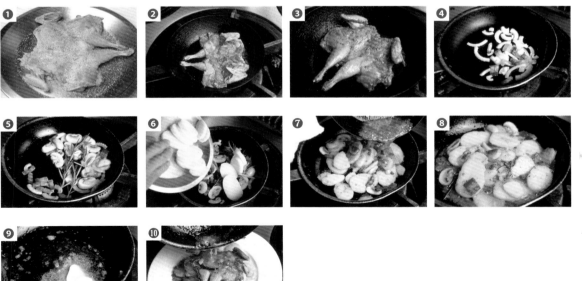

肉

猎人风炖鸡

Pollo alla CamLiatora

猎人风味料理很多有用番茄煮制的，这里介绍的是不加入番茄沙司和高汤，只用水炖煮的简单菜谱。通常，炖煮料理会给人很强的冬季料理的印象，但我不想让这道料理那么厚重，只有一点点酸味和辣味，所以在夏季也很受欢迎。用鹌鹑或小羊肉都可以，将整只鸡切块，充分激发出骨头中的美味，重点是将煮汁煮浓。加入白葡萄醋和白葡萄酒时，要充分煮浓，这样才能将美味完全凝聚。如果这两个步骤没做好，视觉上和味道上都会差很多。

食材　4人份

雏鸡（去除内脏，约1.2kg）*	1只
盐、胡椒粉、高筋面粉	各适量
色拉油	100mL
洋葱（切薄片）	1/4个
蒜	1瓣
迷迭香	1~2枝
红辣椒	1根
葡萄醋（红或白）	100mL
白葡萄酒	250mL
水	800mL

土豆泥

土豆	200g
牛奶	80~90mL
无盐黄油	15g
帕尔玛干酪	20g
盐	适量

* 也可以用小羊肉或鹌鹑。

** 将土豆去皮切成滚刀块，放入锅中，加入没过土豆的水，加热。将土豆煮软后倒掉水，用搅碎器打碎，加入牛奶、帕尔玛干酪、黄油、盐调味。

制作方法

❶ 将雏鸡纵向切成两半，琵琶腿从根部卸下。将鸡腿肉、身体分别 3 等分，切成大致相同的大小。

❷ 将鸡肉铺在大平盘中，撒入盐、胡椒粉调味。均匀撒入高筋面粉，粘满鸡肉。

⇧ 高筋面粉可以形成将肉的美味保存在内部的屏障，也可以为沙司增稠。

❸ 在煎锅中加入色拉油和蒜，加热，温热后将鸡肉平铺在锅中。再加入迷迭香和红辣椒，一边让香味进入油中，一边烤鸡肉。

❹ 鸡肉出现浓郁的烤色后翻面。用相同的方法将鸡肉全部上色。为了防止烧焦，取出蒜、红辣椒、迷迭香。待所有的鸡肉完全出现浓郁的烤色后，将鸡肉盛出，放入另一只煎锅中。在煎锅中加入少量的肉汁和油。

⇧ 这时的烤色会为沙司提香并上色。

❺ 另起锅，加入色拉油（另用）和洋葱，炒出甜味。稍稍上色后加入鸡肉的煎锅中。

❻ 将❺的煎锅加热，锅底发出"扑哧扑哧"的声音后，加入葡萄醋。全部混合均匀，让油和葡萄醋充分融合，使水分蒸发。

⇧ 注意不要烧焦，但同时还要让水分完全蒸发。煮浓的程度是美味的关键。一定要充分煮浓，吊取美味。

❼ 将汤汁煮浓后，倒入白葡萄酒。一边晃动煎锅一边倒酒，倒至煎锅的 1/4 即可。

⇧ 这步也要充分将白葡萄酒煮浓。

❽ 白葡萄酒煮浓后，水分和油分就会融合乳化，形成浓稠的状态，美味被浓缩。

⇧ 锅底很容易焦，所以煮浓时要不断晃动煎锅。如果不用心操作，炖鸡出锅时就会水分过多。

❾ 加水至没过鸡肉，加少量盐调味。大火加热至沸腾后转小火，加盖炖煮约 30 分钟。汤汁收到一半时浓度最好。鸡肉装盘，加入配菜的土豆泥。

⇧ 如果想让汤汁更浓，可以在出锅时加入 1 块撒上高筋面粉的黄油（→ P188 香草味烤小羊排）。

煎黑猪肉配松露味蘑菇沙司

Maiale alla Griglia con Pesto di Funghi

将蘑菇沙司作为鲜味酱事先做好，可以随时轻松使用。这个沙司除了搭配猪肉，还可以用于鸡肉、各种面拖鱼的制作，也可以作为意面酱使用。因为香味会流失，所以最好避免长时间存放，事先制作适量的蘑菇沙司备用即可。这次使用松露油为蘑菇沙司提味。猪肉切得稍厚些，分量感十足。因为过度烤制肉质会变硬，所以重点就是适度加热。猪肉表面出现烤色后，用烤箱烤至松软即可。

食材　1人份

黑猪里脊肉（约1.5mm厚，150g）

　………………………… 1片

盐、胡椒粉、高筋面粉…… 各适量

色拉油、无盐黄油………… 各适量

白葡萄酒………………… 30mL

蘑菇沙司（4~5人份）

　蒜　………………… 1瓣

　橄榄油　………………… 50mL

　各种蘑菇* ……………… 各1包

　盐、胡椒粉、无盐黄油　各适量

　松露油　………………… 少量

土豆泥（→P170）………… 适量

*蘑菇可以按喜好选择。混合4~5种蘑菇最美味。这里使用了本占地菇、灰树花菌、香菇、口蘑。

制作方法

❶ 制作蘑菇沙司。将口蘑用手撕碎。其他蘑菇切掉柄后，分别用手撕碎。

⇪ 蘑菇不宜直接接触铁制刀具，所以尽量不要用刀切。撕碎可以更好地散发香味。

❷ 将蒜碾碎后去皮，与橄榄油一起放入凉的煎锅中，慢慢加热至完全变软。用竹扦能轻松扎透后，加入❶的蘑菇。马上撒入少量的盐混合均匀。

⇪ 加盐更容易析出水分。

❸ 为了让水分充分从蘑菇中析出，用小火慢慢加热。

⇪ 炒至蘑菇柔软，水分和味道都充分散发。用小火炒，注意不要炒焦。

⇪ 这里加入白葡萄酒煮浓即可做成简单的沙司。

❹ 将蘑菇和汤汁一起放入食物料理机，搅打成酱状。只不过，保留一点蘑菇的颗粒，口感会更好。蘑菇沙司就做好了。

⇪ 蘑菇沙司也可以用于其他料理的制作，十分方便。

❺ 切掉猪里脊肉上多余的脂肪，煎烤的时候不翻面，所以在脂肪一侧切 2 处花刀。撒上盐、胡椒粉，涂上一层薄薄的高筋面粉。

⇪ 高筋面粉涂薄薄一层即可，不要浪费。

❻ 在煎锅中加入等量的色拉油和黄油，加热，放入猪里脊肉。晃动煎锅使肉均匀受热，直到出现适度的烤色。翻面后放入预热至 170℃的烤箱中，直至烤熟。

❼ 表面有透明的肉汁和油脂渗出表面时基本就烤好了。

⇪ 比起其他的肉类，猪肉更需要充分加热，但注意不要过度加热使肉质变硬。

❽ 将肉放回炉子上，淋入白葡萄酒，加热，使酒精挥发（火烧）。将肉先盛入盘中。

❾ 将剩余的煮汁稍稍煮浓，加入 80g 左右❹的蘑菇沙司调味。加入 10g 黄油使沙司浓郁。关火后滴入几滴松露油提香。将沙司淋在肉上，盛入土豆泥。

肉

173

意式炸小牛排

Cotoletta di Vitello

这道料理即大家熟知的米兰名吃米兰煎小牛排（Cotoletta alla milanese），是将小牛肉拍薄后，裹上面衣炸至酥脆制作而成。按照相同的要领，也可以用猪肉、羊肉做出美味肉排。将肉拍松以切断纤维，口感更加柔软，不仅易于食用，还利于制作。薄薄的一层肉能缩短加热时间，是意大利餐中十分重要的料理。本来肉的分量就很足，只搭配 1 块柠檬就可以了。但因为 1 人份的肉只有 80g，为了突出分量感，搭配了大量的沙拉。香热酥脆的炸小牛排和冰凉新鲜的沙拉相得益彰。

食材　1 人份

小牛肉（菲力、腿、里脊等）*
························· 80g
盐、胡椒粉·················· 各适量
高筋面粉、鸡蛋、面包屑**
························· 各适量
色拉油·················· 60~80mL

沙拉 ***

　番茄、香草 ············· 各适量
　盐、胡椒粉、柠檬汁、橄榄油
　························· 各适量

* 除了脂肪较多的五花肉外，任何位置的肉都可以。即使肉质略硬的部分吃起来也很柔软。

** 使用细面包屑。粗面包屑炸的时候容易焦，与薄肉排的口感不协调。在面包屑中混合帕尔玛干酪也很好吃。

*** 沙拉选用应季的生蔬菜即可，富于变化。

制作方法

❶ 将保鲜膜盖在小牛肉上，用肉锤敲打小牛肉。从中心向外侧，将小牛肉拍薄。展开到一定程度，可以对折后再敲打。

⇧ 拍打可以切断肉的纤维，使肉变软。

❷ 肉变软后将其展开，均匀粘满一层薄薄的面包屑。四周折叠调整形状，再将肉排拍成相同的厚度。

⇧ 肉排变薄就容易拍碎，粘面包屑就不会出现这种情况，更容易拍松。

❸ 再一次粘满面包屑，用刀背调整肉排四周的形状。

⇧ 准备工作到此为止。

❹ 在肉排的一面撒盐、胡椒粉，再按顺序涂抹高筋面粉、蛋液、面包屑。

⇧ 因为肉排很薄，如果两面都码底味，味道就会过浓。只在一面码底味就可以了。为了不让面衣过厚，要将多余的高筋面粉拍掉。

❺ 再次像❸一样用刀背调整肉排的形状，用刀背在肉排正面画出格子。

⇧ 这个花纹可以使面衣和肉充分黏合。炸的时候还可以防止肉翻卷。

❻ 在煎锅中倒入色拉油加热。趁着温度不是很高，将肉排正面向下放入锅中。晃动煎锅，使肉排均匀受热，用稍大的中火加热。

⇧ 将油的量调节至肉排的一半。

❼ 观察正面，出现均匀的焦黄色后翻面。背面也用相同方法炸制。最后倒掉煎锅中的油，用大火将肉排烤酥。

⇧ 最后将油倒掉，用大火加热，是美味的关键。

❽ 将肉排从煎锅中取出，夹在厨房纸巾的中间。轻轻按压，吸出表面多余的油，盛入盘中。

❾ 将番茄烫掉皮后切成小块，香草撕成易于食用的大小。将番茄和香草放入盆中，用盐和胡椒粉调味，加入柠檬汁，最后加入橄榄油混合均匀。取足量放在❽的肉排上。

嫩煎小牛肉配戈贡佐拉奶酪沙司

Scaloppine di Vitello con Gorgonzola

没有异味的小牛肉不需要费心调味，是应用广泛的方便食材之一。准备几种沙司，让客人按照喜好自由选择。这里介绍的是分量感十足的芦笋沙司。根据奶酪的状态，盐分和风味都不同，一定要在确认味道后烹调。小牛肉脂肪少，加热容易收缩，所以将小牛肉拍松后再切断纤维，粘面粉锁住美味。

食材　1人份

小牛腿肉··················	100~120g
	（50~60g×2 片）
盐、胡椒粉、高筋面粉……	各适量
无盐黄油·························	10g
色拉油·························	20mL
白葡萄酒·························	20mL
生奶油·························	50mL
戈贡佐拉奶酪 * ·················	40g
芦笋 ** ·························	2 根
帕尔玛干酪（出锅用）………	1 小勺
无盐黄油（出锅用）·············	10g

* 使用喜欢的发酵程度即可。稍稍混入一些四周的茶色部分，味道会更独特。

** 去掉硬皮，焯水备用。因为是为了增加色彩，所以也可以使用青椒等应季蔬菜。

制作方法

❶ 将小牛腿肉切成 50~60g 的薄片。从中央向外将肉拍松，均匀拍薄。

⇧ 将纤维拍断，肉会变得柔软。只不过要有序拍打，不要胡乱地将纤维拍碎。

❷ 肉的颜色变淡，露出筋后，用刀尖切断。

⇧ 如果不将筋切断，烤制时肉容易卷缩。

❸ 在小牛肉的一面撒盐、胡椒调味后，将两面粘满高筋面粉。不要浪费，薄薄拍一层即可。

⇧ 肉薄，再加上浓厚的沙司，盐、胡椒粉只洒在一面就足够了。

❹ 在煎锅中加入色拉油和黄油，熔化后将小牛肉平铺在锅中。

⇧ 可以使用普通煎锅，也可以使用不粘锅。

❺ 肉的两面稍稍出现烤色后，淋入白酒，用大火将水分煮干。

⇧ 只让白酒的味道留在肉里即可，如果水分没有完全煮干，沙司会太稀。

❻ 转小火，加入生奶油和戈贡佐拉奶酪。混合均匀，煮浓几秒钟。

⇧ 因为奶制品容易焦，所以必须用小火。或者用刮刀不停地刮煎锅侧面上的奶制品，以防烧焦。

❼ 在❻中加入切成 2~3cm 长的芦笋，加热。只将肉取出盛入盘中。

⇧ 因为奶酪的风味会流失，所以不能长时间加热。蔬菜事先焯水，只需要回温即可。

❽ 用极小火加热，确认沙司的味道。如果想要沙司更加浓郁，可以加入出锅用的黄油。如果想要奶酪的味道更香浓，可以加入出锅用的帕尔玛干酪。

❾ 将沙司淋在盛出的肉上。

比萨厨师风小牛肉

Vitello alla Pizzaiolla

比萨厨师风是那不勒斯地区的传统料理形式。在烤好的肉上，淋入添加馅料的比萨上的番茄酱，再盖上马苏里拉奶酪即制作而成。肉的种类没有规定，这里使用了薄片的小牛肉。将小牛肉拍薄烤熟。肉薄了，就可以在短时间内烤熟，要注意调味的浓淡并防止烤焦。出锅时可以放入烤箱中烤制，也可以在炉子上加盖加热。在炉子上加热更快更简单。

食材　1人份

小牛肉 * ⋯⋯⋯⋯100g（50g×2块）
盐、胡椒粉、高筋面粉⋯⋯　各适量
色拉油⋯⋯⋯⋯⋯⋯⋯⋯　适量
白葡萄酒⋯⋯⋯⋯⋯⋯⋯　40mL

烟花女（puttanesca）沙司 *

蒜 ⋯⋯⋯⋯⋯⋯⋯⋯1瓣
橄榄油 ⋯⋯⋯⋯⋯⋯　30mL
黑橄榄、刺山柑（分别切大块）
⋯⋯⋯⋯⋯　各1大勺
海蜒 ⋯⋯⋯⋯⋯⋯1/2片
意大利芹菜（切大块）*** ⋯　少量
去皮整番茄罐头（和汁一起搅碎）
⋯⋯⋯⋯⋯　200mL
盐、胡椒粉 ⋯⋯⋯⋯　各适量
马苏里拉奶酪⋯⋯⋯⋯⋯⋯　60g
意大利芹菜（切大块）⋯⋯⋯　适量

* 不限于小牛肉、牛肉、猪肉、鸡肉都可以。
** 使用范围很广的沙司。还可以用于比萨、意面、各种料理中。
*** 除了意大利芹菜，还可以使用牛至、迷迭香、百里香等。

制作方法

❶ 制作烟花女沙司。在煎锅中加入橄榄油和蒜（带皮碾碎后去皮），加热。油升温后转小火，慢慢加热至蒜完全变软，加入海蜒、刺山柑、黑橄榄翻炒。再加入意大利芹菜。

❷ 马上加入去皮整番茄罐头，用小火炖煮一会儿。确认味道，用盐、胡椒粉调味。

⇧ 海蜒和黑橄榄都是咸味的，所以一定要确认味道后调节。

❸ 将小牛肉切片，用肉锤均匀拍薄。一面撒盐、胡椒粉调味。

⇧ 因为肉薄，所以单面调味即可。

❹ 两面粘满高筋面粉后，用手拍掉多余的面粉。

⇧ 注意不要浪费面粉。

❺ 在煎锅中加入少量色拉油加热，将肉平铺在煎锅中煎烤。在完全出现烤色前翻面，背面也进行煎烤。

⇧ 因为肉很薄，注意不要烤焦。

❻ 在❺的煎锅中淋入白葡萄酒，用大火让水分蒸发。

❼ 将❷的烟花女沙司淋在肉上，加热一会儿。

❽ "扑哧扑哧"沸腾后，将马苏里拉奶酪掰碎，撒在肉上。

❾ 盖上锅盖或盘子加热。

⇧ 为了使奶酪熔化。比起将煎锅一起放进烤箱，这个方法更简便。

❿ 加热1~2分钟，奶酪马上就化了。盛入盘中，撒上意大利芹菜。

肉

意式炖牛腿肉

Ossobuco

一道意大利传统料理，将小牛的小腿肉带骨切成段，慢慢炖煮即可，也有只用白葡萄酒炖煮的形式。作为炖煮料理的原则，最初要给肉做出均匀的烤色，将中途加入的葡萄酒充分煮浓后再炖煮是制作要点。另外，"Ossobuco"直译为"骨洞"。在品尝这道料理时，将黏稠美味的骨髓和肉一起吸入口中也是绝妙的味道之一。吃完后，餐盘中只剩下中间有洞的骨头，这便是这道菜名字的由来。

食材　4 人份

小牛小腿骨（带骨）*
　………………… 　4 个（1 个 300g）
盐、胡椒粉、高筋面粉…… 　各适量
蔬菜酱（soffritto）**
　洋葱（切碎）…………… 1/2 个
　胡萝卜（切碎）………… 1/2 根
　芹菜（切碎）…………… 1/2 根
　橄榄油　………………… 50mL
白葡萄酒………………… 150~200mL
去皮整番茄罐头（和汁一起过滤）
　…………………………… 600mL
水…………………………… 300mL
盐、胡椒粉、无盐黄油（出锅用）
　…………………………… 　各适量

*1 个 3~4cm 厚的圆片。最好使用后腿小腿。前腿骨细，所以骨髓太少。肉的颜色不要鲜红色，淡淡的粉红色最好。
** 也有加入肉汁的做法。这里没有使用肉汁，重点是充分发挥蔬菜酱（soffritto）中蔬菜的美味，将肉烤出烤色。

制作方法

❶ 在小牛小腿肉四周的薄膜上切2~3个刀口。

⇧ 直接加热的话，膜会收缩，使肉翻卷。

❷ 在小腿肉的两面撒盐、胡椒粉，涂满高筋面粉。同时制作蔬菜酱。

❸ 在煎锅中倒入橄榄油加热，油热后放入小腿肉。

❹ 肉的一面完全出现烤色后翻面，用同样的方法煎烤。烤好后，将肉放入炖煮用锅中。

⇧ 在这步做出的烤色，将成为整道料理美味的元素。

❺ 肉两面烤好后，加入❷的蔬菜酱。炖煮用锅要选择肉刚好平铺的大小。

⇧ 如果锅过小，肉重叠，就不能均匀加热，过大的话就需要很多汤汁。

❻ 在❺中倒入白葡萄酒。用大火加热，使白葡萄酒的水分挥发。

❼ 如图中一样，煮浓至锅底基本没有水分，剩余的精华和油分"噼里啪啦"爆裂的状态。一定要听到这个声音。

⇧ 如果没有完全煮浓，葡萄酒的酸味会一直残留到最后，美味也不能被浓缩，味道也不会香浓。

❽ 为了不烧焦，加入去皮整番茄罐头和水。开大火，晃动煎锅，使肉均匀受热。

❾ 沸腾后，加入盐、胡椒粉调味。加盖放入预热至160℃的烤箱中，加热约1小时至肉质软烂。将肉盛出，煮汁放入小锅中，用盐、胡椒粉调味，加入少量黄油，煮化后浇在肉上。

意式牛里脊肉牛排

Tagliata di Manzo

使用牛里脊肉制作的意大利风味牛排。提供的不是烤好的一整块牛排，而是切成易于食用的大小，和菜一起装盘的基础形式（图中为 2 人份）。肉用大火持续煎烤，只将表面烤焦，中间并没有熟。先烤表面，然后再转小火将肉烤熟。煎烤时流出的肉汁是沙司的美味来源。加入葡萄醋，先完全煮浓，这是决定味道的关键。然后再一点一点加入橄榄油使其乳化，做成沙司。

食材　2 人份

牛里脊肉 * ·············· 250g（1 片）
盐、胡椒粉··················· 各适量
橄榄油或色拉油··············· 20mL
红葡萄醋···················· 20mL

沙司

黑葡萄醋　·················· 40mL
橄榄油　··················· 40mL
盐、胡椒粉　··············· 各适量
沙拉用蔬菜 ** ················ 适量

* 不限于牛肉，猪肉、鸭肉、小羊肉均可。
** 油菜、茼蒿、紫莴苣、菊苣等。也可以根据喜好使用其他蔬菜。

制作方法

❶ 在肉的两面撒入稍多的盐、胡椒粉。

⇧ 煎烤时会随着油流走，所以在这里码足底味。

❷ 在煎锅中加入橄榄油（或色拉油）加热，放入肉。

❸ 最初用大火加热，肉发出"哧哧"声，开始出现烤色后，改用小火。完全出现烤色后，翻面。

⇧ 如果不转小火，肉只是表面烤焦。特别是厚的肉，用大火很难加热至中心，要特别注意。

❹ 翻面后，烤制面开始渗出红色血水，说明热度从下方传到了中心。这个状态大致就是中等熟。

❺ 在❹的煎锅中加入红葡萄醋。晃动煎锅，使汤汁裹在肉上。同时，煎锅中的肉汁和焦香也融入其中。加热一会儿后，将肉取出装盘。

❻ 制作沙司。在煎锅里的沙司中撒入盐、胡椒粉调味，再加入黑葡萄醋，煮浓，使水分充分蒸发，中和酸味。

⇧ 制作沙司的重点是先将汤汁完全煮浓。

❼ 改用小火，晃动煎锅，一点一点加入橄榄油，混合均匀。

⇧ 充分混合至所有汤汁变成浓稠状态。

❽ 将❺的肉汁全部倒进沙司中。

❾ 两者柔滑地混合在一起后，浓稠的沙司即制作完成。这个过程如果用了过多的时间，水分过度煮浓，沙司的味道就会变浓。希望大家抓住要领进行制作。如果味道过浓，可以加入适量的水稀释。

❿ 在盘中盛入适当切分的蔬菜，放上切片的牛肉。将❾的沙司淋在肉上。

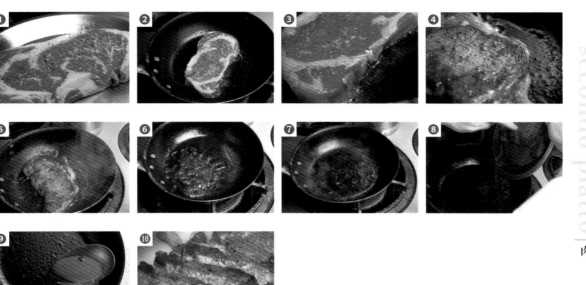

番茄煮牛肉配芹菜

BomLoncini Stufato di Manzo

这是一道用番茄将牛肉炖得软烂的料理。只需要将裹满蔬菜酱（soffritto）和烤色的牛肉充分炖煮即可。完全不加高汤，只用番茄和牛肉的味道充分体现美味。为此，炒制和煎烤的过程中，都需要让水分完全蒸发，浓缩美味。这是炖煮料理的基础，一定要完全掌握。为了适合在寒冷的季节食用，这是一道用红葡萄酒和番茄炖煮的、香浓的料理。如果换成白葡萄酒并减少番茄的量，则变成十分适合夏季食用的清爽的炖煮料理。

食材　10~12 人份

牛肩里脊肉（块）* ⋯⋯⋯⋯⋯ 2kg
盐、胡椒粉、高筋面粉⋯⋯ 各适量
色拉油⋯⋯⋯⋯⋯⋯⋯⋯ 50mL

蔬菜酱（soffritto） **

　胡萝卜（切碎）⋯⋯⋯⋯ 1 根
　洋葱（切碎）⋯⋯⋯⋯⋯ 1½ 个
　色拉油　⋯⋯⋯⋯⋯⋯ 50mL
红葡萄酒⋯⋯⋯⋯⋯⋯⋯ 1/2 瓶
去皮整番茄罐头（和汁一起搅碎）
⋯⋯⋯⋯⋯⋯⋯⋯⋯⋯1.2L
水⋯⋯⋯⋯⋯⋯⋯⋯⋯⋯1.2L
芹菜⋯⋯⋯⋯⋯⋯⋯⋯ 7~8 根
盐、胡椒粉⋯⋯⋯⋯⋯⋯ 各适量

* 肩里脊肉的瘦肉中布满了脂肪，所以煮出来十分柔软。如果使用其他部位，制作方法也完全相同。
** 一般的蔬菜酱中会加入芹菜，但因为这次是将芹菜当做主要食材使用，所以只使用胡萝卜和洋葱。

制作方法

❶ 将牛肩里脊肉切分成一口大小（60~80g）。如果脂肪过多的话，将脂肪去除。将牛肉放入大平盘中，多撒入一些盐、胡椒粉，涂抹均匀。

⇧ 盐、胡椒粉一定要多放一些。

❷ 在肉上撒高筋面粉，涂抹均匀。

❸ 在煎锅中倒入色拉油加热。将肉不重叠地码放在锅中，用大火做出烤色。因为肉量较多，可以分几次煎烤。烤好的肉放在滤网上控油。

⇧ 充分做出烤色，但不要烤焦。烤色决定了牛肉的色、香、味。

❹ 制作蔬菜酱。另起锅，放入洋葱、胡萝卜、色拉油，用极小火加热。慢慢翻炒，使水分蒸发，浓缩美味。

⇧ 慢慢翻炒蔬菜，它会为料理带来美味和甜味。

❺ 在蔬菜酱中加入❸的肉，加热，晃动锅混合均匀，在锅底的肉烧焦前加入红葡萄酒。

⇧ 如果使用木铲搅拌，肉被按压后美味就会流失，所以晃动锅来混合。

❻ 随着葡萄酒的水分蒸发，肉表面的高筋面粉溶出，与油一起形成黏稠的状态。此时的重点是将葡萄酒煮浓。然后加入去皮整番茄罐头和水，混合均匀。

⇧ 加入红葡萄酒后要充分煮浓，让水分蒸发。

❼ 在❻中加入盐、胡椒粉。沸腾后加盖，放入预热至160℃的烤箱中。炖煮至肉软烂，大概需要 2 小时左右。

❽ 将芹菜用刀拍碎纤维，使香味发散，切 3~4 等份。在煎锅中加入色拉油（另用）加热，用大火炒芹菜。

⇧ 和牛肉一样做出烤色。

❾ 用竹扦扎❼的肉，确认是否软烂。

❿ 牛肉充分柔软后，混合❽的芹菜。再次盖上盖子，放入烤箱中加热几十分钟，使味道融合。最后确认味道，如有必要，用盐、胡椒粉调味。

肉

罗马风味牛肚

Trippa alla Romana

在意大利，每个地区都有各种各样的内脏料理。而罗马风味的特点是使用番茄炖煮牛的胃（Trippa），出锅时加入类似薄荷的香草。牛有4个胃，这道料理中经常使用的是在日本称为"蜂巢"的部分。内脏有种特有的臭味，因为特别难去除，所以在用番茄炖煮前，需要先花时间焯水。但是需要注意，如果过度水煮，牛肚的美味和富有弹性的口感都会受损，最终成为寡淡无味的料理。有的菜谱中，在焯水时可以放入除臭的香味蔬菜，也可以在炖煮时加入大量的蔬菜，这里介绍一种最简单的制作方法。

食材　4人份

牛肚（牛的第二胃蜂巢）* …… 800g

蒜 ……………………………… 1瓣

橄榄油 …………………………… 120mL

白葡萄酒 ………………………… 100mL

去皮整番茄罐头（和汁一起过滤）

……………………………………… 600mL

水 ………………………………… 适量

盐、胡椒粉 …………………… 各适量

薄荷叶（切大块）…………… 适量

* 使用水煮后去掉内侧黑皮的牛肚。

制作方法

❶ 在大尺寸的锅中放入水洗过的牛肚，加入足量的水加热。沸腾后稍微煮一会儿，脏东西会浮上水面。

❷ 倒掉汤，再次加水加热。沸腾后再煮十几分钟。

⇧ 虽然切成细丝能很快煮好，但是牛肚会失去独特的弹性，而且美味也会流失。使用大锅整个煮制是基本方法。

❸ 按照❶、❷的要领，换水煮2~3次，煮至能用竹扞轻松穿过的软度。变软后在滤网中放凉。

⇧ 注意，如果过度煮制，反而会破坏独特的美味。

❹ 将煮好的牛肚切成1cm×5cm的条。

❺ 从背面看，纤维被切断更加易于食用。

❻ 在锅中加入橄榄油和碾碎去皮的蒜，加热。飘出蒜香后，加入牛肚，混合均匀，让所有牛肚粘满油。

❼ 加入白葡萄酒煮至沸腾，使酒精挥发。加入过滤的去皮整番茄罐头，倒入水没过所有牛肚。

❽ 加入少量盐、胡椒粉调味，大火加热至沸腾，沸腾后转小火，炖煮约1小时。

⇧ 如果最开始就加入过量的盐，炖煮时牛肚会变硬，所以盐要适量。

❾ 炖煮至图中的状态后加入薄荷叶混合均匀。有订单后，取1人份放入锅中温热。确认味道后调味，装盘上菜。

香草味烤小羊排

Arrosto di Agnello

这是一道充满分量感的料理，将 2 根小羊排骨煎烤后，成块上菜，简单又豪爽。可以说这是一道更适合夏季的料理。烤制的火候标准是肉质酥脆、从中间溢出肉汁的中等熟。小羊排本来是用烤箱烤制，但烤箱有时会被占满，所以这里介绍的是将小羊排放在煎锅和烤盘上的烧烤方法。隔着烤盘，热度慢慢地传入小羊排，更易于调整烧烤时间也是这种方法的优点。有订单时，将煎锅放在烤盘上，后续步骤便可以按照其他操作和用餐的速度调整了。

食材　1 人份

小羊腰肉（带骨）* ┈┈┈ 2 根骨头	白葡萄酒┈┈┈┈┈┈┈ 30mL
盐、胡椒粉┈┈┈┈┈┈┈ 各适量	高筋面粉、无盐黄油、松露油
香草酱（→ P31）** ┈┈┈ 适量	┈┈┈┈┈┈┈┈┈ 各适量
蒜*** ┈┈┈┈┈┈┈┈┈ 1 瓣	**配菜**
橄榄油┈┈┈┈┈┈┈┈┈ 20mL	烤土豆

* 腰肉（Sirloin）是腰附近的肉。

** 将新鲜的各种香草和橄榄油一起放入食物料理机中搅打。可以保存几天，所以多制作一些更加方便使用。

*** 带皮焯水煮至五分熟。如果生着与肉一起烤，表面焦了，芯还是硬的，容易失败。

制作方法

❶ 适度切掉小羊肉的脂肪，让脂肪的厚度一致，然后切格子状的花刀。在背面的骨头和骨头之间切约 1cm 深的刀口。

⇧ 骨头之间切刀口是为了快速加热，也更容易入味。

❷ 在小羊肉上多撒一些盐、胡椒粉，用手揉进肉中。再揉进香草酱。

⇧ 烤制时味道容易与油脂一起流失，所以要在表面充分抹入盐。中间的刀口也不要忘了抹盐。

❸ 在煎锅中倒入橄榄油，将脂肪向下放入锅中。加入煮至半熟的带皮蒜。

❹ 油热后，将小羊排和煎锅一起移至烤盘上。当然也可以直接在炉子上煎烤。

❺ 不时将积聚在锅底的油淋在肉上。淋上热油，使表面变硬定型，防止翻面时有肉汁流出。

⇧ 这个操作可以在进行其他操作的同时进行。

❻ 脂肪出现焦香的烤色后翻面。还是推荐放在烤盘上烤制，也可以根据上菜的时机，最后放入预热至 180℃ 的烤箱中。这时倒出多余的油，取出蒜。

❼ 试着压一下羊肉的部分，通过弹力调节火力。再次放回蒜，淋入白葡萄酒。全体融合后用大火挥发酒精，将肉和蒜取出。

❽ 用煎锅中剩余的肉汁制作沙司。为了黏稠和浓郁，可以加入黄油和高筋面粉，先加入黄油，意面要粘满高筋面粉。

⇧ 可以同时增稠和增加黄油浓郁。

❾ 在肉汁中用盐、胡椒粉调味，然后加入❽的黄油。晃动煎锅，使其慢慢熔化。出锅时用松露油提香，淋在盛好的肉上。放上蒜和配菜。

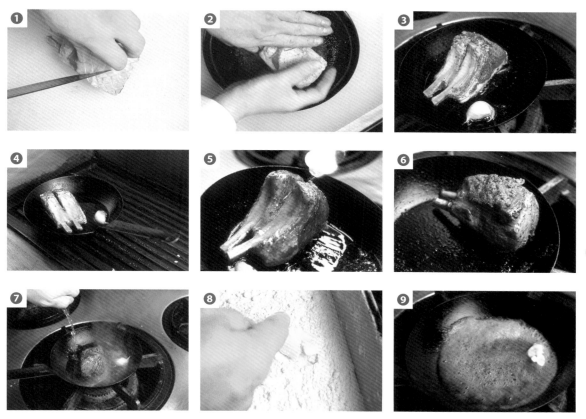

炸小羊排盖马苏里拉奶酪

Cotoletta 'Agnello con Mozzarella

在肉上粘满面包屑做成面衣，用大量的油炸成酥脆的小羊排，是十分受欢迎的菜品。但这里要介绍一个不同的做法。在炸至酥脆的小羊排上盖上海蜒和马苏里拉奶酪，加热至奶酪熔化。面包屑的焦香和海蜒的风味同浓郁的奶酪十分相配。使用小羊肉以外的肉也可以，比起清爽的瘦肉，肥瘦相间的肉更合适。只需要非常简单的步骤就可以做成这道酥脆奢华的小羊排。

食材　1人份

小羊的带骨里脊肉··············2 根
盐、胡椒粉···················· 各适量
海蜒························· 1 片
马苏里拉奶酪·················· 50g
柠檬························· 1/4 个
高筋面粉、蛋液、面包屑* 各适量
色拉油······················ 适量

* 细的面包屑最好。

制作方法

❶ 如果小羊肉的脂肪过多，要适当切下一些。

❷ 将小羊肉拍松，展平。从骨头向外敲打。

⇧ 拍成均等厚度。不要胡乱拉伸。

❸ 将肉拍成和骨头相同厚度（6~7mm）。

❹ 切掉周围多余的脂肪，调整成最终的形状。两面撒盐、胡椒粉调味。

⇧ 因为要盖上海蜇和奶酪，所以不要码入过多的底味。

❺ 将羊排粘满薄薄的高筋面粉，裹上蛋液，再涂满面包屑。在煎锅中倒入大量的色拉油加热，放入小羊排。晃动煎锅，使肉均匀受热。

⇧ 火不要过大。

❻ 出现漂亮的焦黄色烤色后翻面，关火。

⇧ 背面可以直接接触煎锅。因为之后还要加热至奶酪熔化，所以这个阶段可以稍稍欠一点火候。

❼ 倒掉多余的油。

❽ 将海蜇撕成小块。

❾ 将马苏里拉奶酪撕碎后盖在小羊排上。

❿ 加盖，改用小火加热。奶酪煮化就做好了（这个方法比放入烤箱中奶酪化得更快）。装盘，放上柠檬即可上菜。

⇧ 也可以用烤箱制作，只不过稍稍费一点时间。如果用烤箱，在❼中不要完全控干油，注意不要烧焦。

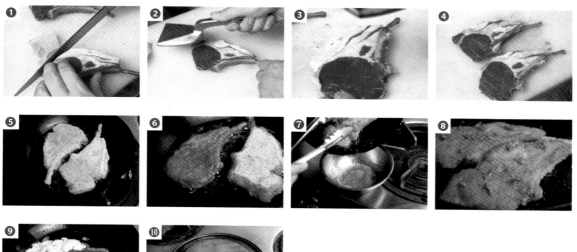

肉

第五章

甜品

"dolce" 在意大利语中是甜品的意思。为了帮助大家制作菜单，下面将分类介绍水果甜品、冰镇甜品、慕斯、挞等基础甜品。希望大家准备几个不同类型的基础甜品，试着组合在一起，做成一道独特的甜品。

dolce

糖水无花果

Fichi Cotte

应季的水果直接吃也很美味,但用糖浆煮一下便能感受到完全不同的味道。如果水果没有熟透或甜度不一致,经过糖水一煮,美味便会大大增加。将时令的无花果用白葡萄酒短时间煮制,出锅时依旧保留新鲜感。当然也可以煮至软烂。根据个人喜好,用调节好的白葡萄酒和砂糖煮制也很合适。另外,因为煮汁会被染成淡粉色,所以单独用发泡葡萄酒或碳酸水稀释后放上一片柠檬,作为方便的果露用途十分广泛。

食材　5 人份

无花果 *	10 颗
砂糖	200g
白葡萄酒	500mL
水	150mL
香草荚	1 根
柠檬汁	少量

* 最好选择稍生一点的。注意,过熟的果实容易煮碎。

制作方法

❶ 将香草荚纵向切口后打开,刮出中间的籽。将籽和豆荚一起放入锅中。

❷ 将切掉上部的无花果放入❶的锅中,倒入白葡萄酒、水、柠檬汁。

⇧ 在这步将无花果带皮煮,如果不喜欢皮,可以将皮剥掉后使用。

❸ 加入砂糖,大火加热。

⇧ 白葡萄酒和砂糖的量可以根据无花果的味道调节。

❹ 沸腾后转小火,煮 10~15 分钟。

⇧ 如果用大火一直煮沸,无花果容易碎,所以一定要转小火。

❺ 用竹扦能轻松扎透无花果时就煮好了。静置一晚,让无花果吸收煮汁。

⇧ 关火后,煮汁自然就会渗入无花果。注意不要煮过火,要保留无花果的新鲜感。

红葡萄酒煮李子

Prugne Cotte

用糖浆或葡萄酒煮成的糖水水果，可以长期保存，所以是非常方便的一种甜品。除了可以将时令的洋梨或桃子等新鲜水果做成糖水煮水果外，用平时就能买到的李子干可以一年四季都轻松制作。不仅可以将红葡萄酒煮李子直接装盘上菜，还可以搭配冰激凌或酸奶，也可以作为提味的食材取 1~2 颗李子搭配其他甜品。煮出的果露可以代替蛋糕的沙司，也可以用葡萄酒、发泡葡萄酒等稀释后作为餐前酒，利用价值很大。

食材

李子干	500g
砂糖 *	300g
红葡萄酒	约 750mL
柠檬	1/4 个
冰激凌	适量

* 砂糖的量可以根据喜好调节。

制作方法

❶ 在锅中码入李子干，均匀撒入砂糖，倒入红葡萄酒。

❷ 红葡萄酒倒至完全没过李子，用大火加热。

❸ 将柠檬汁和柠檬皮放入煮李子的锅中。沸腾后转小火，煮 30 分钟。煮汁变少就加水。

❹ 李子干慢慢地吸收煮汁变得饱满，煮汁也变浓稠。关火，静置冷却。装盘，放上冰激凌。

⇧ 在冷却的阶段，李子会不断入味。

【变化】

发泡葡萄酒

将 1 大勺红葡萄酒煮李子的果露放入香槟杯中，倒入发泡葡萄酒稀释，做成一杯简单的餐前酒。除了发泡葡萄酒，还可以使用白葡萄酒、矿泉水（有碳酸）稀释。

糖水桃子

Composta di Pesca

在桃子大量上市的季节，用白葡萄酒奢侈地煮整颗桃子，就做成了糖水桃子。新鲜的桃子不可避免的有稍硬或甜味不足的情况，只要做成糖水桃子就能变得很好吃。最好根据桃子的状态，调节砂糖的量。如果煮的时间过长，果肉就会被煮碎。加热后的冷却过程中，桃子会吸收煮汁，所以加热 15~20 分钟就可以了。可以直接保存，所以不妨多做一些随时使用。

食材　6 人份

桃子……………………………6 个
香草荚或锡兰肉桂……………1 根
水…………………………………1L
白葡萄酒………………………250mL
砂糖 *……………………250~300g
薄荷叶（装饰用）………………适量

* 砂糖的量可以根据喜好调节。

制作方法

❶ 烫桃子皮。在锅中煮开水，将桃子一个一个放在汤勺上，放入锅中。煮 30 秒后取出。

❷ 在盆中准备冰水，将❶的桃子马上放入冰水中。用相同的方法处理每一个桃子。

⇧ 不要将所有桃子一起处理，一定要逐个操作。

❸ 用水果刀削开一点果皮，拉住果皮便可以完整剥下。如果不能顺利剥下，可以用刀子将果皮削干净。

⇧ 光滑的外表也是美味的来源。剥皮时一定不要损伤桃子的表面，小心操作。

❹ 将剥皮后的桃子放入锅中。加入白葡萄酒、锡兰肉桂（或香草荚）。

❺ 再倒入水。

❻ 加入砂糖，放入的量可以根据喜好调节。

❼ 用大火煮至沸腾后转小火，煮 15~20 分钟。

⇧ 因为桃子容易煮碎，所以一定不能让煮汁一直沸腾。

⇧ 也可以将桃子以外的食材（锡兰肉桂、水、白葡萄酒、砂糖）放入锅中煮至沸腾后，再放入桃子继续煮。

❽ 渐渐地煮至桃子表面透明。因为桃子表面很容易碎，所以不要长时间煮制。冷却后将桃子和果露一起装盘，装饰薄荷叶即可上菜。

⇧ 剩余的果露中含有桃子的味道，可以用发泡葡萄酒或碳酸水稀释后用作餐前酒。

洋酒水果捞

Macedonia di Frutta

这是使用各种水果的意大利版水果捞。水果的种类没有特别规定，选择不同色彩的 7~8 种时令水果即可。因为想要体现汁水饱满、果香四溢的新鲜感，所以没有选择非应季的水果。偶尔可以利用 1~2 种罐头水果。根据水果的状态调节砂糖的量也很重要。虽然要让水果充分入味，但如果浸泡的时间过长，味道反而会变淡。下午制作，晚间食用，味道最好。一定不能超过第二天的中午再食用。

食材　4~5 人份

猕猴桃	1 个
苹果	1 个
菠萝	1/4 个
橙子	1 个
香蕉	1 根
草莓	10 颗
柠檬汁	1 个
砂糖	约 30g
马拉斯加樱桃酒*	30~40mL

* 可以按照喜好选择酒的种类，比如朗姆酒、威士忌、伏特加、白兰地等。
※ 水果还可以选用桃子、哈密瓜、葡萄类、柚子、无花果等。最好使用有点酸度的柑橘类（橙子或柚子），其他按照喜好选择即可。

制作方法

❶ 切分每种水果。猕猴桃去掉上下两端后纵向去皮。

⬆ 这里介绍的只是一种切分方法。只要将每种水果都切成易于食用的大小即可。

❷ 将猕猴桃纵向切成 4 等分的扇形后，从一端切成小块。香蕉用相同方法切成大小相同的块。将切好的水果放入盆中。

❸ 将苹果去掉芯和皮，切成 8 等分的扇形后，切成与❷相同的大小。因为苹果容易变色，所以蘸盐水后操作。

❹ 菠萝去掉上下两端后用刀子切掉周围的硬皮。

❺ 沿着菠萝的凹陷削掉硬刺。

⬆ 因为凹陷是斜向规则排列的，所以用刀在表面斜向削出沟槽，既快又好看。

❻ 或者横向切成薄片后，将硬刺一个一个削掉。去掉中间的硬芯，切成小块。

❼ 将橙子的上下两端去掉后，削掉四周的果皮，露出果肉。

❽ 用一只手拿着橙子，将刀插入果肉中，只将每一瓣橙子的果肉切下。将橙子放在盛水果的盆上操作，以免浪费流出来的果汁。柑橘类的处理全都按照这个要领。

❾ 果肉全部切下后，用手攥出橙瓣皮中的果汁，让果汁流入盆中。再加入柠檬汁。撒入砂糖混合均匀，静置 30 分钟 ~1 小时使其入味。

⬆ 加入砂糖后，会从水果中析出水分，所有水果的味道得到统一。

❿ 加入草莓。根据草莓的大小适度切分。最后加入马拉斯加樱桃酒提味。

⬆ 草莓容易因为柠檬汁等的酸度而脱色，所以最后放入。

【变化】

洋酒菠萝

如果只有菠萝一种水果，通过不同的切法和摆盘，也能做出丰富的甜品。在菠萝上淋入喜欢的洋酒即可。在意大利，菠萝是人气很高的水果。

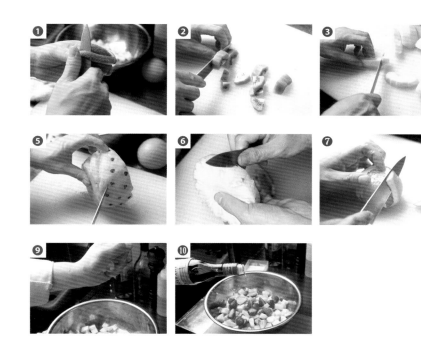

草莓慕斯

Spuma di Fragole

下面将介绍使用水果泥制作慕斯。草莓基本在全年都可以买到大棚种植的果实，尤其是 12 月，因为圣诞节的需要会大量上市。不是应季的时候，价格也会有一点回落。草莓可以做成非常好吃的慕斯，香味和甜度不足的时候，可以用甜酒和砂糖来补充。砂糖和酒精的量可以根据喜好调剂。使用其他水果制作慕斯时，步骤也以草莓慕斯为准。

食材

草莓泥

草莓	……………	200g
草莓甜酒	…………	30mL
砂糖		20~40g
生奶油	……………	250mL
砂糖	……………	35g
蛋白	……………	60g
砂糖	……………	40g

装饰泥 *

草莓	……………	200g
砂糖	……………	适量
果渣白兰地	………	适量

* 将所有食材一起放入食物料理机中搅打。

制作方法

❶ 制作草莓泥。草莓去蒂，与草莓甜酒和砂糖一起放入食物料理机中搅打。

❷ 搅打成如图中一样柔滑的泥状。

❸ 在盆中放入生奶油和 35g 砂糖，充分打发后，一点一点加入❷的草莓泥。

❹ 最终打发成如图中一样柔滑的软奶油状。

⇧ 生奶油不要过度打发。如果过度打发会变轻，而且口感会变硬，所以打至柔软即可。

❺ 另用一个盆，在蛋白中加入 40g 砂糖充分打发，分几次加入❹的生奶油中。

⇧ 为了不弄破蛋白的泡沫，混合时要小心。

❻ 将❺放入裱花袋中，挤入杯子的八分左右，再在上面倒入一点装饰泥，整理至平滑。放入冰箱中冷藏凝固。

卡布奇诺慕斯

Spuma di CappumLino

略带苦味的意式咖啡和果渣白兰地搭配在一起，做成口感绝佳的成熟慕斯。可以将意式咖啡换成水果泥，花样十分丰富，根据喜好自由搭配吧。意式咖啡最好使用刚刚泡好的芳香四溢的咖啡。另外，果渣白兰地的量可以根据自己的喜好调节。作为基础，打发的生奶油决定了慕斯的口感。充分打发，慕斯的口感就会变轻。如果喜欢，也可以打发成柔滑的软奶油状，品尝浓郁丰富味道的慕斯。

食材

生奶油·························· 500mL

砂糖·························· 80g

明胶块 * ·························· 14g

意式咖啡（浓的冲煮液）**

·························· 100~120mL

果渣白兰地（白兰地也可）

··························30mL

装饰

生奶油 ·················· 200mL

砂糖 ·················· 20g

蛋白 ·················· 1 个

可可粉 ·················· 适量

* 浸泡在水中恢复原状。

** 如果没有意式咖啡机，可以冲一杯浓浓的速溶咖啡，再用咖啡甜酒补充香味。

制作方法

❶ 将意式咖啡和砂糖、用水还原的明胶放入锅中，隔水加热至溶化。将生奶油打发至柔滑的软奶油状，混合果渣白兰地，将刚才做好的意式咖啡液一点一点加入。

❷ 将❶装进裱花袋（没有裱花嘴），挤入杯子的 8 分左右。

❸ 将装饰的生奶油打发成与刚才一样的柔滑软奶油状。在另一个盆中打发蛋白，加入砂糖，充分搅打，分数次加入生奶油中混合均匀。

❹ 放入裱花袋中，满满地挤在❷的上面。放入冰箱冷藏凝固。上菜时撒上可可粉即可。

巧克力慕斯

Spuma di CiomLolato

巧克力是对温度很敏感的食材。如果加热熔化的巧克力温度急速下降，容易造成分离，所以要十分小心。巧克力是通过可可脂的含量来增减苦味的。可可脂的含量越高，苦味越强。这里使用了较苦的巧克力，也可以按照喜好使用较甜的巧克力。根据使用的巧克力的类型调整砂糖的用量即可。巧克力慕斯的特点是即使不加入明胶，也能很好地凝固。这里用勺子舀出巧克力慕斯装盘，也可以分别放入杯子中冷藏。

食材

生奶油·························· 350mL

砂糖·························· 30g

巧克力（可可脂含量66%）····· 30g

朗姆酒 * ·························· 适量

蛋白·························· 1个

* 可以根据喜好调节朗姆酒的量。

制作方法

❶ 将生奶油放入盆中，加入砂糖和朗姆酒，用打蛋器混合。

❷ 将熔化的巧克力一点一点加入的同时，用打蛋器打发。搅打成柔滑的软奶油状。

❸ 在另一个盆中用打蛋器打发蛋白。

⇧ 根据❷的状态，如果柔软就将蛋白打得硬一些，如果硬了就将蛋白打得软一些。

❹ 将蛋白分几次加入❷的盆中，用刮刀混合。

⇧ 混合时注意不要弄破打发的蛋白泡沫。

❺ 将巧克力慕斯放入陶盘或陶盆中，表面调整平整，放入冰箱中冷藏凝固。用大勺子舀出装盘。

⇧ 也可以填入 1 人份的杯子里。

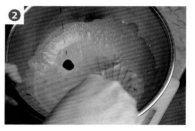

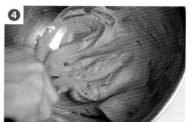

dolce

慕
斯

马斯卡普尼干酪慕斯

Spuma di Mascarpone

将涂满咖啡糖浆的手指饼干放到马斯卡普尼干酪慕斯（萨芭雍）上做装饰，制作成大家熟悉的提拉米苏。据说提拉米苏这种比较新颖的甜品诞生于 1960 年。这里是将提拉米苏的慕斯做成杯装甜品。制作的最后，在慕斯中加入了蛋泡，口感更轻盈。作为创新，也可以在中间混合水果。可以是新鲜的水果，也可以稍稍加热，柔软的口感和轻盈的慕斯更相配。比如，用白葡萄酒、砂糖、柠檬汁稍煮一下的香蕉。

食材　8~10 人份

蛋黄	5 个
马斯卡普尼干酪	250g
生奶油	500mL
砂糖	60g
果渣白兰地 *	1 小勺
蛋白	2 个
砂糖粉	10g
可可粉、薄荷叶	各适量

* 意大利特产的无色透明的蒸馏酒。果渣白兰地是白兰地的一种，酒精度非常高。也可以根据喜好，替换成有香味的其他洋酒。

制作方法

❶ 在盆中放入蛋黄，用打蛋器搅散蛋黄，加入果渣白兰地混合均匀。

❷ 加入马斯卡普尼干酪。

❸ 用打蛋器充分混合，直到没有疙瘩。

⇧ 如果没能充分混合，口感会很差。

❹ 充分混合至如图中一样的柔滑。

❺ 在其他盆中放入生奶油和砂糖，将盆浸入冰水中，用打蛋器打发。

⇧ 生奶油冷却时更容易打发。

❻ 将生奶油打发至和❹相同的硬度后，放入一半❹的马斯卡普尼干酪和蛋黄混合物充分搅拌。

⇧ 相同的硬度更容易混合。

❼ 混合均匀后加入另一半❹的马斯卡普尼干酪和蛋黄混合物。如果直接使用太过柔软，所以用打蛋器稍稍打发，调整硬度。

❽ 打发至能用打蛋器提起，并出现一点棱角是最合适的状态。

❾ 在其他盆中放入蛋白打发，分两次加入砂糖粉，制作蛋泡。为了不让泡沫破掉，将蛋泡分 2 次加入❽中混合均匀。

❿ 盛入玻璃杯，放进冰箱中冷藏。上菜时撒上可可粉，装饰薄荷叶。

⇧ 将马斯卡普尼干酪慕斯事先准备好放在冰箱中，有订单的话马上就可以上菜。

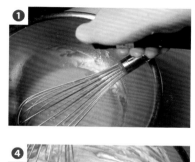

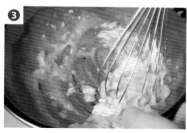

慕斯

冰镇萨芭雍

Zabaione

皮埃蒙特的名吃萨芭雍，是在蛋黄中加入马萨拉酒，一边加热一边打发成奶油状。可以热着抹在曲奇上，也可以作为沙司淋在水果上。这里是将萨芭雍冷却，与沙司一起做成冰镇杯装甜品。沙司可以不使用草莓，只要是新鲜的水果都可以。使用玻璃杯省去了装盘的步骤，可以快速上菜，对于午餐等繁忙的时间十分重要。这里使用了红葡萄酒杯，也可以根据气氛选择喜欢的杯子。我自己做的时候，使用了朴素感觉的厚水杯。

食材　红葡萄酒杯 4 个量 *

蛋黄	4 个
香蕉	1/2~1 根
马萨拉酒 **	适量
生奶油	200mL
砂糖	10g

沙司 ***

草莓	8 颗
砂糖	20g

* 这个分量是制作的最小量。蛋黄越多，打发时的失败率就越小，所以用这个量的 2 倍制作更加简单。

** 在意大利西西里岛的马萨拉诞生的甜葡萄酒（酒精强化葡萄酒）。

*** 可以用山莓等代替草莓。一定要选择新鲜的果实。

制作方法

❶ 制作沙司。将草莓和砂糖放入食物料理机中，搅打至没有颗粒。

⇧ 使用新鲜的水果制作沙司。

⇧ 砂糖的分量可以根据草莓的甜度调节。

❷ 在杯子的底部一点一点倒入❶的沙司和5~6块切成小块的香蕉。

⇧ 香蕉不要事先切好，直接在杯子上方切进杯子里最方便。还可以防止香蕉变色。

❸ 从杯子上方看的样子。倒入沙司，不要将杯子的侧壁弄脏。如果香蕉浮上来一定要压入沙司中，以防香蕉变色。

⇧ 如果沙司倒不好，做出来会不好看。

❹ 在盆中放入蛋黄，打散，用极小火加热，一边加热一边打发。

⇧ 这样做使蛋黄更易于打发，还能稍稍熟一些。本来是隔水煎，但直接加热也没有关系。只不过，如果不是极小火，蛋黄就会被煮熟。特别是靠近火的侧面要充分留意，要不时从火上拿下来调节温度。

❺ 蛋黄稍稍打发变白后，分2次慢慢加入马萨拉酒。继续打发。

⇧ 马萨拉酒的分量可以按照喜好添加。因为特别控制了甜度，所以可以稍微多加一些提香。

❻ 打发成如图中一样极细的奶油状。放入手指，如果能感觉到热度，就从火上取下，将盆浸入冰水中，不时搅拌一下使之冷却。

⇧ 如果过度加热，蛋黄就会干巴巴地分离出来。

⇧ 萨芭雍的口感由蛋黄打发的程度决定。加热和打发都不能过度。

❼ 在盆中放入生奶油，加入砂糖，打发。操作时将盆浸入凉水中，打发至硬度和❻的蛋黄相同。

⇧ 如果两者硬度不同，很难混合。

❽ 在打发的❻的蛋黄中加入❼的生奶油，混合至柔滑。

❾ 倒入❸的杯子里。放入冰箱中，充分冷却后即可上菜。

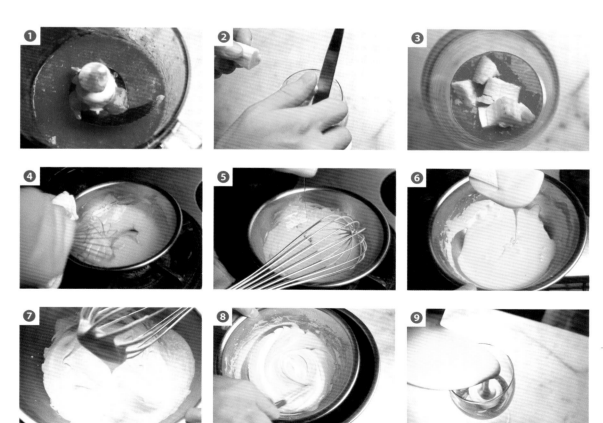

蒙布朗

Monte Bianco

将大家熟悉的栗子点心蒙布朗放入杯子里，做成甜品的风格。在栗子成熟的季节，可以选用生的栗子。而在其他季节，可以使用糖水煮栗子。所以，这是一道任何季节都可以轻松制作的甜品。用生栗子制作时，将栗子煮至柔软需要很长时间，所以可以一次，多准备一些保存起来。使用捣碎器，可以轻而易举地滤出栗子蓉。

食材　小玻璃杯约 10 个量

栗子（去皮）*	400g
砂糖	200g
水	适量

甜味打发奶油

生奶油	350mL
砂糖	35g
可可粉	适量

* 带皮的栗子价格便宜，但如果想省去剥皮的步骤，可以使用市售的去皮栗子。在栗子成熟的季节外，可以用糖水煮栗子制作，根据甜度和硬度重新煮制进行调整。
* 可以将一半量的栗子换成甘薯。

制作方法

❶ 煮栗子。在锅中放入去皮的栗子和砂糖，加入水，充分没过栗子。大火加热至沸腾，沸腾后转中小火，将栗子煮至柔软，注意调节火候以防栗子煮碎。

⇧ 如果水少了要及时补充。

❷ 栗子煮好的状态。需要注意的是，如果栗子煮碎了，做出来的蒙布朗就会很稀。按照这个分量，煮至完全柔软大概需要 5 个小时。煮好后静置冷却，让栗子充分吸收糖浆。

⇧ 味道在冷却时浸入栗子。

❸ 制作栗子蓉。将入味的栗子擦干表面的糖浆，放入土豆捣碎器中。

❹ 按压土豆捣碎器，滤出栗子蓉。

⇧ 也可以使用一般的过滤器（粗眼）过滤，但使用土豆捣碎器最为方便。

❺ 保持栗子蓉的形状，注意不要弄碎。

❻ 制作甜味打发奶油。在其他盆中放入生奶油和砂糖，打发至黏稠状态，放入裱花袋（不用裱花嘴）中备用。

⇧ 可以按照喜好打发。稍稍软一些的奶油与栗子的口感搭配更美味。

❼ 在玻璃杯底部挤入少量的❻，然后将❺的栗子蓉加至杯子的六七分处。

⇧ 填入栗子蓉时注意不要将栗子蓉弄碎。用勺子轻轻舀入即可。

❽ 再在栗子蓉上挤入❻。以这个状态放入冰箱中冷却。

❾ 上菜时在最上面筛入可可粉即可。

冰镇甜品

意式咖啡雪芭

Sorbetto di Caffè Espresso

天气眼看就要热起来的时候，客人对冷饮的呼声也越来越高。下面将介绍利用意式咖啡便能简单做成的雪芭。首先，最重要的就是使用美味的意式咖啡。在冷却凝固前不断搅拌，可以使口感变得细腻，但咖啡要有粗糙的口感才合适，所以搅拌两三次即可。另外，因为咖啡的苦味很强，所以最好搭配大量打发的生奶油。

食材

意式咖啡（冲煮液）
············· 10 杯量（约 300mL）
砂糖·························· 适量
果渣白兰地 * ············· 1 大汤勺

甜味打发奶油

生奶油 ···················· 200mL
砂糖 ······················· 20g

* 为了增加风味，除了果渣白兰地，还可以使用朗姆酒、白兰地等洋酒。

制作方法

❶ 冲煮意式咖啡。

⇧ 不管使用哪种咖啡机，最重要的都是提前温热放入咖啡粉的冲煮滤杯，然后将咖啡粉填平。

❷ 冲煮 1 杯量咖啡的最佳时间约为 20 秒。如果时间过短，可能因为咖啡粉磨得过粗或咖啡粉填入冲煮滤杯的方法不好。如果时间过长，可能是咖啡粉磨得过细或咖啡粉填入过多。

❸ 趁热在意式咖啡中融入砂糖。为了提香，加入果渣白兰地，放入冰箱中冷却。

⇧ 砂糖量可以根据喜好调节，但在这一步调得稍甜一点，做好后味道正合适。

❹ 四周稍稍凝固时取出，用勺子搅拌，混合至柔滑。再次放进冰箱中冷却。

❺ 稍有凝固时再次取出搅拌混合。一共混合 2~3 次后，使其完全冷却凝固。

❻ 混合几次后，冰晶变细的同时混入了空气，变成了柔滑的雪芭。

⇧ 口感可以根据喜好调剂，咖啡不要磨得过细，稍稍粗糙的口感最合适。

❼ 完全凝固就做好了。装盘前用勺子搅拌，使颗粒均匀。在生奶油中加入砂糖，打发成甜味奶油，放进玻璃杯，再放入雪芭，即可上菜。

dolce

冰镇甜品

215

木瓜冰砖配鼠尾草味意式沙司

Semifreddo di Papaia con Salsa PastimLiera alla Salvia

冰砖是意大利风味冰激凌的一种。冰砖中可以添加咖啡或混入水果等，变化十分丰富。我在这里使用了新鲜的木瓜。搭配的意式沙司混合了夏季的香草鼠尾草，使冰砖的风格看起来不太一样。需要注意的是，一旦在生奶油中加入木瓜，奶油就会很容易分离，所以要在一点一点混合的同时打发。

食材

冰砖

木瓜	1 个
生奶油	400mL
砂糖*	40g
蛋白	2 个
砂糖粉	10g

意式沙司

牛奶	270mL
鼠尾草**	3~4 枝
蛋黄	2 个
砂糖	60g

* 砂糖的量可以根据喜好调节。
** 鼠尾草不用风干品，而是使用香度高的新鲜香草。也可以使用新鲜的薄荷或迷迭香。

制作方法

❶ 制作意式沙司。将牛奶倒入锅中，加入鼠尾草加热。沸腾后关火焖，使鼠尾草的香味浸入牛奶中。

⇧ 如果鼠尾草的香味淡，可以掰碎后再放入。

❷ 在其他锅或盆中放入蛋黄和砂糖，用刮刀搅拌。混合均匀后，换打蛋器继续混合。

❸ 在稍大的锅中烧开水，在锅中放入毛巾。然后将❷放在毛巾上，保持隔水加热的状态，继续搅拌。

⇧ 加热时要不停搅拌，以免凝固。

❹ 蛋黄全部发白后，一点一点加入❶的鼠尾草风味牛奶，每次加入后都要充分混合。全部加入后，一边加热一边搅拌至出现黏度。从热水中取出，浸入冰水中冷却。意式沙司就制作完成了。

⇧ 如果过度加热，口感会变差，所以只要出现黏度就从火上拿开。

❺ 制作冰砖。将木瓜去皮去籽后切成 4 瓣，再切成小块。

❻ 将一半的木瓜放入食物料理机中，打成留有粗粒的泥状。

❼ 在盆中放入生奶油和砂糖，一边用冰水冷却一边打发。出现黏度后，一点一点加入❻的木瓜泥，混合均匀，再次打发。

⇧ 如果将木瓜一次全部加入，生奶油容易分离。

❽ 在其他盆中放入蛋白和砂糖粉，打发，制作蛋泡。将蛋泡加入❼的盆中，混合均匀，注意不要弄碎泡沫。

❾ 加入切成小块的木瓜，慢慢混合，不要破坏泡沫。

❿ 倒入模具中，调整平整后冷却凝固。特氟龙加工的模具更容易脱模。将冰砖切成 2cm 厚的块。盘子里倒入少量意式沙司，放进冰砖块，装饰鼠尾草。

dolce

冰镇甜品

217

提拉米苏

Tiramisu

提拉米苏发源于威尼托大区，在日本也是十分受欢迎的甜品。提拉米苏美味的关键是将生奶油和马斯卡普尼干酪充分混合至柔滑。大量使用咖啡糖浆，苦味成为点睛之笔。事先做出一些可以保存几天，但因为鸡蛋是生的，所以最好尽快食用。如果提拉米苏在冰箱中保存的时间过长，水分就会流失，口感也会变硬。如果马上吃，打发的奶油最好稍硬一些。如果需要保存至第二天，那么就要将奶油调整至稍软一些。

食材　底面 27cm×18cm、高 10cm 的容器 1 个量，约 12 人份

蛋黄·······················5 个
马斯卡普尼干酪·················250g
生奶油·····················750mL
砂糖······················90g
咖啡糖浆 *
　意式咖啡（冲煮液）
　·············5 杯（约 150mL）
　砂糖　················50g
　白兰地　···············30mL
海绵蛋糕（做法略）** ········适量
可可粉·····················适量

*将食材全部混合均匀备用。为了不让白兰地的香味消散，要在咖啡冷却后加入。没有意式咖啡时可以使用普通咖啡，或将速溶咖啡冲浓一些。
**可以手工制作，也可以购买成品。可以用曲奇、饼干代替海绵蛋糕。

制作方法

❶ 将海绵蛋糕切成 7~8mm 厚。然后切成与容器底部相同的大小，共准备 2 片。

❷ 在容器底面铺上 1 片海绵蛋糕，然后用刷子涂抹大量的咖啡糖浆。

⇧ 咖啡糖浆的作用是增加苦味。要大量涂抹，使咖啡糖浆充分渗入海绵蛋糕中。

❸ 将蛋黄放入盆中打散。

⇧ 因为提拉米苏是不加热直接食用，所以要准备新鲜的鸡蛋。这也是重点之一。

❹ 在打散的蛋黄中加入马斯卡普尼干酪，用打蛋器混合均匀。

⇧ 奶酪在使用前恢复至常温，柔软后比较容易混合。

⇧ 充分混合至柔滑，奶酪没有疙瘩。

❺ 在其他盆中放入生奶油和砂糖打发，硬度与❹相同。舀起来时有黏度，可以马上从打蛋器上滑落即可。

⇧ 注意，如果打发得过硬，很难与奶酪混合。

❻ 在生奶油中分 2~3 次加入奶酪，快速混合。

⇧ 这里用打蛋器画圆搅拌，不需要打发。如果打发奶油就会渐渐变硬。

❼ 全部混合后看一下硬度。为了柔软或更好的口感，要再次打发调整硬度。

⇧ 如果当天吃，口感就稍硬一些，如果 1~2 天后吃，口感就稍软一些。

❽ 在❷的海绵蛋糕上放入❼，用刮片延展成相同的厚度。

❾ 将另一片海绵蛋糕铺在上面，大量涂抹咖啡糖浆。盖上保鲜膜，放入冰箱中冷却。用大勺舀出装盘，从上面撒满大量的可可粉。

⇧ 这次是在上下两片海绵蛋糕中夹入了奶油，也可以按照喜好使用 3 片海绵蛋糕夹入 2 层奶油。

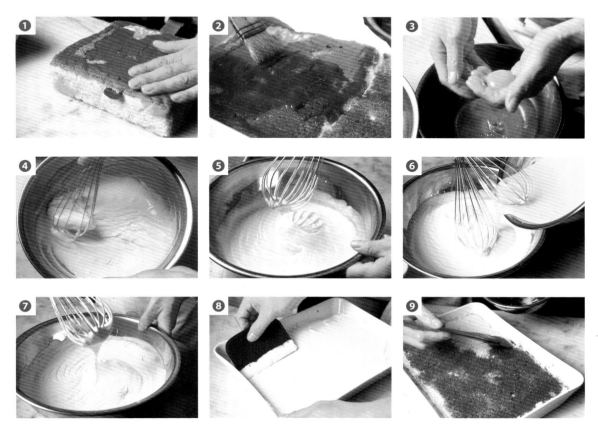

冰镇甜品

意式奶油布丁

Panna Cotta

只需要将添加甜味的生奶油用明胶凝固，就能做出既简单又有人气的甜品——意式奶油布丁。可以将 1 人份分装进玻璃杯或模具中凝固，也可以做成在较大的模具中凝固后用勺子舀出装盘的简单形式，只将焦糖沙司从上面淋在布丁上即可。其实意式奶油布丁和任何一种沙司都很搭配，也可以添加水果。生奶油的味道是重中之重，所以加热时不能沸腾，一定注意不要破坏风味。

食材　10~12 人份

生奶油	800mL
砂糖	80g
板状明胶 *	12g
香草荚	1/2 根
焦糖沙司（→ P222 布丁）**	适量

* 板状明胶浸泡在水中恢复原状。

** 将 300g 砂糖和 80mL 水放入锅中加热至焦褐色。一点一点加入约 160mL 水，混合至沙司状。

制作方法

❶ 将香草荚纵向切口打开，刮下中间的籽，和豆荚一起放入锅中。

❷ 在❶的锅中倒入生奶油和砂糖，加热。用木铲一边混合一边加热，煮化砂糖。

⇧ 如果生奶油煮沸了，风味就会消散。

❸ 生奶油加热至 80℃时关火，加入在水中浸泡复原的明胶，充分搅拌至完全溶化。

⇧ 充分搅拌，不要留有未溶化的明胶。

❹ 取出香草荚。如果香草荚中间残留种子，也要取出。

❺ 在大平盘中放入冰水，将模具浸入冰水中，倒入❹。大致冷却至室温后放入冰箱中冷藏凝固。用勺子舀出装盘，淋上焦糖沙司。

焦糖布丁

Crema Caramello

这是一款用最朴素传统的方式做成的布丁。对日本人来说，布丁是十分熟悉的甜品。如果用稍大一点的模具制作，分量感十足。将焦糖色素的颜色调整至比平时略深，增加一点点苦味。虽然也有用大模具制作后切分的方法，但是模具越大越容易因为受热不均而失败。用小模具烤制就不会出现失误了。

食材　底的直径和高度均为 6cm
**　　　的布丁模具 9 个量**

鸡蛋··············	7 个
砂糖··············	225g
牛奶··············	1L
香草精··············	少量

焦糖沙司

砂糖 ·············	300g
水 ·············	140mL

制作方法

❶ 制作焦糖沙司。在锅中加入砂糖和 80mL 水，加热。慢慢变成焦黄色。

⇧ 只要开始上色，变色就会很快，所以加热期间不要走开。

❷ 将颜色煮浓至如图中的程度。多少会散发出一点苦味，但是注意不要烧焦。

⇧ 因为味道是重点，所以要稍稍苦一些。

⇧ 颜色可以根据喜好调节。如果喜欢清淡温和的味道，颜色淡一些即可。

❸ 马上离火，加入剩余的 60mL 水混合，使温度下降。焦糖沙司就做好了。

⇧ 烟蒸腾起来时，小心焦糖有可能飞溅。

❹ 在模具的底部倒入少量焦糖。为了让模具能直接蒸烤，需将模具放在铺有报纸的大平盘中。

⇧ 铺上报纸的话，热度会变得温和，不容易出现蜂窝状。

❺ 在盆中放入鸡蛋打散。加入牛奶和砂糖，加热至马上要沸腾（砂糖溶解）即可倒入蛋液中混合均匀。加入香草精。

❻ 将❺过筛，使质地柔滑。

❼ 如果蛋液表面留有气泡，做出来的布丁就不够柔滑，所以要用厨房纸巾蘸取表面的泡沫。

⇧ 因为泡沫会被纸巾吸走，所以能完全去除。

❽ 还有一种利用煤气炉的方法。将蛋液放在炉火上，泡沫就会消失。但一定要在短时间内快速操作。

❾ 将蛋液倒入准备好的❹的模具中。这时很容易起泡沫，所以要慢慢地倒入。如果出现泡沫，则再次用厨房纸巾去除。

❿ 在大平盘中倒入模具高度的水。放入预热至 130℃ 的烤箱中烤约 40 分钟，然后和模具一起冷却。脱膜，装盘。

⇧ 如果用隔水加热的方法，热量传导舒缓，会形成蒸烤状态。

手工里科塔奶酪

Ricotta Casalinga

里科塔奶酪的特点是朴素的口感和清爽的味道。虽然市面有售，但其实用牛奶就可以简单地手工制作里科塔奶酪，享受刚做好的新鲜味道，一定要试一试哦。里科塔奶酪还可以继续加工，虽然我只添加了煮得稍甜的番茄果酱，但看起来却是完全不同的甜点。即使只淋上一点蜂蜜，也是一道充满满足感的甜品。里科塔奶酪不仅能制作甜品，还能撒在沙拉中或做成小方饺的馅料。也可以加入番茄味道的意面沙司中。直接烤着吃也很美味。

食材　约250g，4人份

牛奶 *	1L
柠檬汁 **	1/2 个
盐	1 小撮

番茄果酱

番茄（小个）	2 个
水	50mL
砂糖	约 30g
薄荷或罗勒叶	适量

* 选择脂肪含量高的牛奶做出来更加美味。这次使用了脂肪含量 4.0% 的牛奶。或者加入牛奶 1/10 左右分量的生奶油，也别具风味。

** 与牛奶的比例是难点。如果柠檬汁多了，虽然容易凝固，但是会残留酸味。如果柠檬汁少了，虽然味道好，但是不易凝固。所以请按照以上的比例，根据喜好调节。

制作方法

❶ 在锅中倒入牛奶，加入盐，挤入柠檬汁。

⇧ 柠檬汁的量可以根据喜好稍稍调节。

❷ 用木铲充分混合❶的牛奶，加热。

⇧ 混合时需使用木铲。使用铝锅时，如果用打蛋器等金属制的工具，有可能出现黑斑。

❸ 用中火加热，不时搅拌。加热片刻就会从锅的内壁处开始蒸发水分。

❹ 牛奶加热至❸的样子后关小火，不让其沸腾，持续加热。慢慢地水分被分离，牛奶就会全都凝固成白色絮状。

⇧ 牛奶要慢慢加热，不要使其沸腾。如果沸腾了，奶酪就会变硬，口感变差，需要充分注意。

❺ 锅中的水完全透明后离火，将漂浮的白色固体用漏勺舀入滤网中控干水分。

❻ 静置 10~15 分钟，自然控干水分，并冷却至室温。

❼ 做好的里科塔奶酪。如果直接食用，最好不要冷却得过凉。放入冰箱保存即可。

⇧ 因为牛奶的风味会消散，所以最好在当天用完。如果有剩下的，可以用在其他料理中。

❽ 制作番茄果酱。将熟透的番茄烫掉皮后去籽、切碎。将番茄放入锅中，加入砂糖和水一起煮制。

⇧ 砂糖的量可以根据番茄的味道调节。

❾ 煮出浓度后关火，将薄荷（或罗勒）撕碎加入，混合均匀。放在冰箱中冷藏备用。将里科塔奶酪切分后，搭配上果酱即可。

【变化】

蜂蜜奶酪

只需淋上蜂蜜来代替果酱，就是一道简单的甜品。

千层蛋糕

Mille Crespelle

在面粉中混合鸡蛋、牛奶做成面糊，烤成极薄的法式薄饼。在每层薄饼中间薄薄地涂一层卡仕达奶油，再简单地淋上蜂蜜，就做成了美味的千层蛋糕。因为美丽的层次和甜美的味道，千层蛋糕很受女性客人的欢迎。原则是将法式薄饼烤得尽量薄。在冰箱中冷却后漂亮地切分即可上菜。另外，如果在卡仕达奶油中混合水果泥，就能做出一道不同风味的千层蛋糕。

食材

低筋粉	150g
鸡蛋	3 个
砂糖	70g
牛奶	500mL
无盐黄油	30g
色拉油	适量
卡仕达奶油（→ P40）	适量
蜂蜜	适量

制作方法

❶ 在盆中放入鸡蛋，充分打散。加入砂糖、低筋粉，混合均匀。再加入牛奶，混合至柔滑。

❷ 另起锅，放入黄油，用小火加热至稍稍变色，混合进❶的面糊中。以这个状态放入冰箱中醒 2~3 小时。

⇧ 黄油加热至出现"噼里啪啦"的声音，并飘出香味。

⇧ 醒面糊可以使面糊的延展性更好,吃的时候口感也更好。

❸ 加热煎锅，用布薄薄涂一层色拉油。将❷的面糊少量倒入煎锅中，马上晃动煎锅使其薄薄展开，用小火加热。

⇧ 为了尽量薄一些，需要调节面糊的用量。

❹ 面糊的四周会慢慢变干翘起。插入竹扦，拉起薄饼的一端。

❺ 直接用手捏住薄饼，快速翻面。

❻ 翻面后数秒即可烤干。

❼ 在炉子的旁边准备一个网架，薄饼烤好后铺在网架上放凉。重复这个操作，直到面糊全部做成薄饼。烤制直径 16cm 的圆形薄饼40 张。

❽ 习惯这个操作后，可以使用 3 个煎锅，同时烤制薄饼。

⇧ 要注意煎锅最初的温度，建议按照倒入面糊→展开→翻面的工序有序进行。掌握操作时机，熟能生巧。

❾ 在法式薄饼上薄薄地涂一层卡仕达奶油，一层一层重叠起来。

⇧ 为了方便拿取，最好先在盘子上铺一层保鲜膜。

❿ 需要注意的是，如果卡仕达奶油不能均匀、薄薄地涂抹，最后做出的千层蛋糕高度也会不一致。在冰箱中稍稍冷却一会儿，稳定后切分装盘，淋上蜂蜜。

冰镇甜品

227

草莓挞

Torta di Fragole

这款挞中间填满了卡仕达奶油，而且大量使用了新鲜的草莓，具有浓浓的春季气息。卡仕达奶油不挑搭档，只要和应季的水果搭配在一起，就可以在任何时间都做出各种各样的美味。

食材　直径 22cm 的模具 1 个量

挞皮（→P42）* ············· 275g

卡仕达奶油（易于制作的分量）

蛋黄	3 个
砂糖	100~125g
低筋粉	20g
牛奶	500mL
香草荚**	1 根
草莓	30~40 粒

果酱（完成用）

草莓果酱	100g
糖浆	100g
柠檬汁	1/4 个量
草莓甜酒***	约 30mL

* 准备好将挞皮原料展开后铺在模具中烤好的挞皮。

** 在香草荚上切口后放入牛奶中，加热至沸腾。将香草荚取出，牛奶冷却使用。也可以用少量香草精代替。

*** 可以根据喜好使用白兰地、朗姆酒等。

制作方法

❶ 制作卡仕达奶油。在锅中加入砂糖和蛋黄，用橡胶铲混合。

⇧ 使用铜制、搪瓷制、不锈钢制的锅。因为铝制的锅碰到打蛋器等金属会出现黑斑，有可能染在奶油上。

❷ 加入低筋粉，轻轻混合。

⇧ 加入低筋粉后轻轻混合。如果过度混合，低筋粉会出现黏性，奶油就不会入口即化了。

❸ 加入 50mL 冷牛奶（香草风味），混合至柔滑。

❹ 加热，不断搅拌，以防锅底部分烧焦，加热至柔滑。

❺ 离火，再次加入少量牛奶。混合后再加热。重复这个操作，直到加完所有牛奶。中途换用打蛋器。

⇧ 根据锅中的状态决定离火或加热。

⇧ 用小火一边充分混合一边加热。

❻ 全部变柔滑后加热至沸腾。离火，加入香草荚提香。将锅垫在大平盘上冷却。

❼ 在烤好的挞皮中填入冷却的卡仕达奶油。

❽ 将制作果酱的食材（甜酒除外）全部倒入锅中加热，混合均匀。出现黏度后离火，加入甜酒。

❾ 待❽的果酱完全冷却后，放入去蒂的草莓，使草莓表面粘满果酱。

⇧ 使用竹扦便于操作。

❿ 在卡仕达奶油上不留空隙地码满❾的草莓。

苹果挞

Torta di Mele

大量地使用苹果，制作简单的秋季水果挞。苹果不需要事先煮熟，只要是新鲜的即可。因为使用了浅盘，所以在短时间内就可以烤好，是一道快手甜品。这次在中间填入了杏仁奶油，如果不加入杏仁奶油，而是只码上苹果，就是一道味道清爽的挞。做苹果挞适合选用有酸味的红玉苹果。如果使用其他品种的苹果，可以在切片后涂抹柠檬汁，增加酸味。

食材　直径 23cm 的派盘 1 个量

杏仁奶油

杏仁粉 ……………………………	40g
无盐黄油 …………………………	40g
砂糖 ………………………………	40g
鸡蛋 ………………………………	1/2 个
苹果（红玉）……………………	1½ 个
砂糖……………………………………	适量
杏果酱、朗姆酒等洋酒……	各适量

制作方法

❶ 将挞皮原料擀薄，铺进浅的派盘中。

⇧ 为了烤好的挞容易取出，最好事先在派盘上盖一层铝箔。

❷ 制作杏仁奶油。在盆中放入黄油、砂糖、杏仁粉，混合均匀。

❸ 在❷中加入鸡蛋，混合至柔滑的奶油状。

⇧ 因为只要柔滑即可，所以可以将食材全部放入食物料理机中搅拌，这样能缩短时间。

❹ 在❶的挞皮上涂抹一层厚度均匀的杏仁奶油。

❺ 将完整的苹果去皮，对半切开后去芯，从一端开始切成 2mm 的薄片。

❻ 将苹果码在❹的杏仁奶油上。从圆盘的外侧向内侧码成花朵的形状。

❼ 整齐美观地码至中心。

⇧ 不留间隙地填满。

❽ 在苹果上撒满砂糖。

⇧ 容易出现茶色、诱人的烤色。

❾ 将❽放入预热至 180℃的烤箱中，烤出漂亮的烤色。

※ 挞皮酥脆就烤熟了。

❿ 趁热用刷子薄薄地涂一层用洋酒稀释的杏果酱。冷却，脱模。

⇧ 刚烤好的挞因为容易碎，所以要完全冷却后再脱模。

香蕉挞

Torta di Banana

这款挞在烤好的挞皮上填满了香蕉，成品很高，所以让人觉得分量十足。先在挞皮上涂一层巧克力，然后填入香蕉和加入朗姆酒的卡仕达奶油，再盖上甜味打发奶油就做好了。所有的食材都和香蕉十分相配。香蕉是一年四季都能买到的水果之一，而且价格便宜，不用考虑成本的问题。将香蕉切成大块充分使用，超大的分量让人看着就很满足。

食材　直径 22cm 的挞模具 1 个量

挞皮原料（→ P42）············ 275g
巧克力·································· 100g
香蕉·································· 约 10 根
卡仕达奶油（→ P40）········· 100g
朗姆酒·································1 大勺
生奶油·································· 300mL
砂糖································ 30g

制作方法

❶ 隔水熔化巧克力，涂抹在烤好的挞皮内侧。稍稍静置，待巧克力凝固。

⇧ 将巧克力切碎更易熔化。

❷ 将卡仕达奶油和 1/2 根香蕉放入食物料理机中。加入朗姆酒，搅拌至柔滑。

⇧ 香蕉切大块，卡仕达奶油和奶酪混合均匀，香蕉最好保留颗粒感。

⇧ 朗姆酒的量可以按喜好调节。

❸ 在❶的挞皮中倒入❷。奶油稳定后放入冰箱冷藏一会儿。

❹ 剥掉香蕉皮，切成 5~6cm 长的段，竖着码在奶油上。全部铺满后，用刀修整高度。

⇧ 香蕉中间不要留空隙，充分整齐地填满。

❺ 在生奶油中加入砂糖打发，将香蕉完全覆盖上。要涂抹大量的奶油，填满香蕉间的缝隙。最后将表面调整平整。放入冰箱中冷藏，待其稳定后再切分。

⇧ 直接切不容易切开，所以在冰箱中冷藏后再切分。

李子挞

Torta di Prugna

只需要改变填入的奶油或水果，挞就是变化无穷的方便点心。挞皮原料还可冷冻保存，不妨一次多做一些备用。这里介绍最基础的填入杏仁奶油的李子挞。

食材　直径22厘米的模具　1个量

挞皮原料（→P42）………… 275g

杏仁奶油 *

　鸡蛋 ………………………4 个

　砂糖 ……………………… 100g

　生奶油 …………………… 150mL

　杏仁粉 …………………… 100g

红葡萄酒煮李子（→P196）**

　…………………… 17~18 颗

* 这个量对于 1 个挞来说稍多。剩余的部分可以做成其他小型的挞。

** 可以用红葡萄酒煮苹果、红葡萄酒煮葡萄、红葡萄酒煮无花果等替代李子制作。

制作方法

❶ 将挞皮原料均匀擀薄，铺在模具内侧。将多余的挞皮切掉，用叉子在底部扎出气孔。放入预热至180℃的烤箱中烤出淡淡的烤色。

❷ 制作杏仁奶油。在盆中放入鸡蛋，用打蛋器打散，加入砂糖混合均匀。再加入生奶油、杏仁粉，将所有食材混合均匀。

❸ 将❷的杏仁奶油倒入准备好的❶的模具中。因为还要放入李子，所以将奶油倒至距离模具边缘还有一点距离即可。

❹ 将模具放在烤网上，均匀码入李子。用预热至180℃的烤箱烤制，直到出现均匀的烤色，约烤制 30 分钟。

⇧ 因为放入李子后奶油会溢至模具边缘，移动的时候有可能洒出来。

⇧ 先将李子放入十字位置，再在中间均匀码入。

柠檬挞

Torta di Limone

柠檬挞的制作形式是将挞皮烤好后倒入奶油，是挞的变化之一。这道柠檬挞中大量填入了酸酸的柠檬奶油。柠檬奶油中不加入面粉，而是用鸡蛋来增加黏度。因为需要用很多鸡蛋，所以可能会因为加热时鸡蛋凝固形成疙瘩或分离而失败。制作时要留意鸡蛋的变化，将鸡蛋充分打散后一点一点加入，始终用打蛋器不断搅拌。

食材　直径 22cm 的模具 1 个量

挞皮原料（→ P42）………… 275g

柠檬奶油

　柠檬汁 … 3 个量（约 100mL）

　砂糖 ……………………… 150g

　无盐黄油（切骰子块）…… 100g

　鸡蛋 ……………………… 3 个

生奶油………………………… 200mL

砂糖…………………………… 20g

制作方法

❶ 将挞皮原料用擀面杖擀薄，铺在模具中。使挞皮贴紧模具，多余的部分切掉。用叉子在底部扎出透气孔。

⇧ 如果没有透气孔，烤好的挞底会向上隆起。

❷ 将挞皮放入预热至180℃的烤箱中烤制约20分钟后取出。

❸ 制作柠檬奶油。在锅中挤入柠檬汁，加入砂糖。用小火加热，使砂糖溶化。

⇧ 使用铜制、搪瓷制、不锈钢制的锅。因为铝制的锅碰到打蛋器等金属会出现黑斑，有可能染在奶油上。

❹ 砂糖完全溶化后，放入切成小块的黄油。

❺ 黄油慢慢溶化。

⇧ 如果水分蒸发，后面操作时会很难混合鸡蛋，所以从这步开始要注意火力。不能大火使其沸腾。

❻ 在盆中打入鸡蛋，用打蛋器充分打散。

❼ 待❺的黄油完全溶化沸腾后，改为极小火，一点一点加入打散的鸡蛋。为了不让鸡蛋凝固，用打蛋器不停搅拌。

⇧ 如果担心出现疙瘩，可以使用粗筛倒入蛋液。

❽ 鸡蛋全部倒入后也要一直搅拌。特别是锅底和侧面容易烧焦，要十分小心。表面的气泡渐渐消失后奶油就浓了。

❾ 奶油全部变稠、从锅底沸腾后，柠檬奶油就做好了。

❿ 趁热将柠檬奶油倒进❷的挞皮中。

⇧ 放凉后容易出现疙瘩。

⓫ 用橡胶铲将表面刮平。放凉至室温后，置入冰箱中冷却凝固。完全凝固后，在表面涂满加入砂糖后打发至柔滑的生奶油即可。

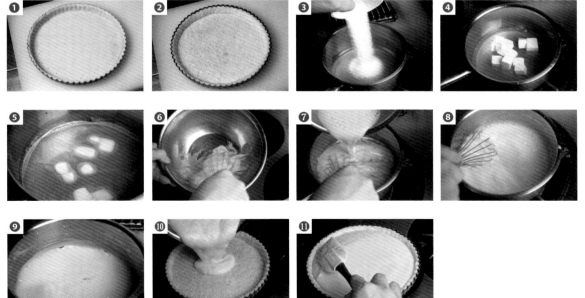

松子挞

Torta alla Pinolata

挞中的馅料可以根据季节变换，所以每个季节都可以准备几种挞作为甜品。在各种挞中，松子挞有些特殊。它的杏仁奶油中混合了大量的核桃仁、松子等坚果类或葡萄干等水果干，上面还撒了迷迭香叶。松子挞看起来十分朴素，吃起来却有迷迭香独特的香味和丰富的味道。迷迭香十分容易烤焦，所以最好在烤制的中途撒入。将馅料醒一会儿再烤，就能做出漂亮的松子挞。

食材　直径 22 厘米的模具 1 个量

挞皮原料（→ P42）·········· 275g

杏仁奶油

　无盐黄油 ···················· 80g

　砂糖 ······················· 80g

　杏仁粉 ····················· 80g

　鸡蛋 ······················· 1 个

　朗姆酒 ···················· 5mL

松子、核桃、葡萄干······各 1/2 杯

迷迭香（新鲜）················ 适量

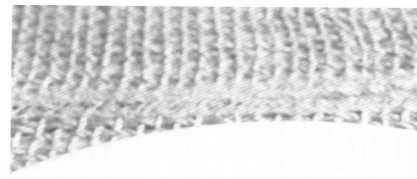

制作方法

❶ 将挞皮原料擀薄后铺进模具中。侧面压紧，底面用叉子扎出透气孔。

⇧ 如果不扎透气孔，烤出来的挞底会向上隆起。

❷ 制作杏仁奶油。在盆中放入黄油，用打蛋器搅拌成奶油状。加入砂糖，搅拌至全部发白。

❸ 加入杏仁粉。

❹ 用橡胶铲充分混合均匀，加入朗姆酒，混合均匀。

❺ 将鸡蛋打散后分几次加入奶油中，混合至柔滑。

❻ 在❺的杏仁奶油中加入松子、核桃仁、葡萄干，全部混合均匀。

❼ 在铺了挞皮的模具中放入❻，用刮刀铺满。

❽ 将表面刮平，注意不要留有间隙。直接放进冰箱中醒 30~40 分钟，使奶油稳定。

⇧ 如果马上烤制，可能会有部分隆起，表面容易凹凸不平。

❾ 放入预热至 180℃的烤箱中，先烤 15 分钟。表面出现淡淡的烤色时，撒入迷迭香叶子。再放入温度稍稍下降的烤箱中烤 10 分钟左右。

⇧ 因为迷迭香容易烤焦，所以中途再放入。

❿ 松子挞烤好了。放置一晚，第二天会变得非常美味。

烩饭挞

Torta di Risotto

将米用奶油煮至柔软后，加入蛋黄混合，再倒进挞皮中烤制，就做成了烩饭挞。烩饭挞是一道有淡淡甜味和十足口感的挞。很多人对它并不熟悉，但在意大利，给米增加甜味再做成点心的做法并不少见。意外的味道会让你完全想象不到是用米做出的甜品。它一定会成人客人热议的话题之一，请一定要试试看。

食材　直径 22cm 的模具　1 个量

挞皮原料（→P42）·········· 275g

馅料 *

米	························	150g
牛奶	······················	500mL
香草精 **	····················	少量
砂糖	······················	100g
蛋黄	······················	2 个
无盐黄油	··················	20g
朗姆酒	····················	20mL

* 可以按照喜好擦入柠檬皮丝。
** 如果使用香草荚，将香草荚切口后放入准备好的牛奶中，煮至沸腾。冷却后使用取出香草荚的牛奶。

制作方法

❶ 制作馅料。在锅中加适量水煮沸，米不用洗，直接下锅，再次沸腾后继续煮 5~6 分钟。不时搅拌。

⇧ 如果米洗了再用，在烹调中容易碎，香味就会消散。

❷ 将米放在滤网中控干水分，放入另一口锅中。

⇧ 因为是焯水阶段，所以不需要将米煮至完全变软。

❸ 在❷的米中加入牛奶和砂糖。砂糖的量可以根据喜好调节。

❹ 用大火加热至沸腾，然后转小火将米煮软。如果火大了，米汤会飞溅出来，所以请注意。

⇧ 调节火力，保持表面稍稍煮开（如图所示）的状态。

❺ 米渐渐变软，锅底容易烧焦，所以要不时搅拌。

⇧ 过度搅拌米粒会碎，而且会出现黏度。

❻ 看到米粒浮至牛奶表面后，就说明米变软了，关火加入蛋黄。

⇧ 如果在沸腾的状态下放入蛋黄，蛋黄瞬间就会凝固，也就不能混合至柔滑了，所以加入蛋黄前一定要关火。

❼ 用橡胶铲快速搅拌。再加入黄油、朗姆酒、香草精，混合均匀后冷却。馅料就做好了。

⇧ 在这里加入柠檬皮。

❽ 将❼的馅料倒入铺有挞皮的模具中。放入预热至 160℃ ~180℃ 的烤箱中烤熟。

⇧ 如果使用烤熟的挞皮，可以填入热的馅料。

❾ 烤制约 40 分钟，直到表面出现漂亮的烤色。

⇧ 如果是在烤好的挞皮中填入热的馅料，用高温的烤箱烤至表面出现烤色即可。

图书在版编目（ＣＩＰ）数据

意大利餐 /（日）落合务著；刘晓冉译. —— 北京：
中国民族摄影艺术出版社, 2017.7
（世界美食大师丛书）
ISBN 978-7-5122-1019-6

Ⅰ.①意… Ⅱ.①落… ②刘… Ⅲ.①食谱－意大利
Ⅳ.①TS972.185.46

中国版本图书馆CIP数据核字(2017)第173644号

TITLE：［イタリア料理の基本講座］
BY：［Tsutomu Ochiai］

本书由日本株式会社柴田书店授权北京书中缘图书有限公司出品并由中国民族摄影艺术出版
社在中国范围内独家出版本书中文简体字版本。
著作权合同登记号：01-2016-7799

策划制作：北京书锦缘咨询有限公司（www.booklink.com.cn）
总 策 划：陈 庆
策 　划：李 伟
设计制作：王 青

书 　名：意大利餐
作 　者：［日］落合务
译 　者：刘晓冉
责 　编：陈 傒
出 　版：中国民族摄影艺术出版社
地 　址：北京东城区和平里北街14号（100013）
发 　行：010-64211754 84250639 64906396
印 　刷：北京画中画印刷有限公司
开 　本：1/16 185mm×260mm
印 　张：15.5
字 　数：192千字
版 　次：2017年10月第1版第1次印刷
ISBN 978-7-5122-1019-6
定 　价：98.00元